Analogue
Master
Series

実務に役立つ研究＆解析

実験で学ぶ
トランジスタ・アンプの設計

1～11石の増幅回路を組み立てながら…

黒田 徹 著

CQ出版社

まえがき

　かれこれ50年になるでしょうか，実家に祖父が自作した真空管式ラジオがありました．外国の短波放送も受信できるものでしたが，故障しがちで物置に放置されたままでした．その物置きには，ラジオを10台も組み立てられるほど多くの電子部品がありました．それで，私は調子の悪いラジオを解体し，物置きの中古部品でラジオをリフォームしました．動作理論はまったく理解できず，「子供の科学」という雑誌に奥澤清吉氏が執筆された製作記事の実体配線図どおりに作っただけです．それでも，音が鳴った瞬間の感激は生涯忘れられません．なにしろゲルマラジオすら作ったこともない12才の少年が，いきなり5球スーパー（真空管を5本使ったスーパーヘテロダイン式受信機）の製作に成功したのですから．その後はラジオ回路の改良に明け暮れました．遠くの放送局を受信したい，もっと良い音で鳴らしたい…という欲望はつのる一方でした．一種の中毒ですね．母はそんな私の将来を心配し，物置の中古部品を全部棄てました．しかし，私は逆らい続けました．何が何でも電子工学科に進む意気込みでした．

　でも人生は思い通りにはゆきません．心ならずも経済学部への進学を強いられました．しかし大学3年の1968年に，また転機が訪れました．いわゆる学園紛争が起こり，学校が長期間封鎖されたのです（封鎖したのは学生自身です）．何もすることがない毎日．またぞろ電子工作（その頃はオーディオ）に明け暮れることになりました．けっきょく私は，子供の頃に望んでいたエレクトロニクスの仕事につきました．電子工作には，それほどの魅力，いや魔力がありました．

　さて，現在はどうでしょう．電子工作キットはたくさん売られていますが，できあがれば，おそらくそれでおしまいです．改良して性能を上げよう，という人はあまりいないでしょう．たいていの工作キットには，ペラペラの回路図と実体配線図しか添付されないのですから，回路の動作原理なんてわかりっこありません．わからなければ興味は続きません．でも，基礎からコツコツ勉強するのは，もっと困難です．私の経験から申し上げれば，「作りながら学ぶ」という方法が最良の結果を生みます．回路の動作原理がわかれば，どんどん面白くなります．自分なりの工夫が成功すれば，ネットで公開して自慢することもできるでしょう．しかし，やみくもに作ればよい，というものでもありません．出費も時間もかかるからです．

　そこで本書では，1枚のプリント基板で，部品を使い回しながら1石〜11石の10種類あまりのオーディオ・アンプを製作する方法を解説します．製作とともに，トランジスタなどの動作原理をSPICE系電子回路シミュレータSIMetrixで解析します．また，パソコンのサウンド・デバイスを利用し，完成したプリント基板回路の性能を測定します．

　なお，本書は「トランジスタ技術」2006年7月号の特集記事「実験で学ぶトランジスタ回路設計」と同誌8月，9月，10月号掲載の「低ひずみ15Wパワーアンプの設計と製作」を再編集したものです．したがって，同誌7月号の付録プリント基板を使用した製作事例となっていますが，使用している部品は一般的なリード付きのものですから，ユニバーサル基板を使用して製作することも容易だと思います．また，本書で使用した実験用プリント基板と主要部品セットの頒布サービスも行われます．

　最後に，本書の編集を担当されたCQ出版社トランジスタ技術編集部の清水当氏，内門和良氏，制作部の長瀬文里氏，助言をいただいたエンジニア諸氏に深く感謝いたします．

2008年3月　黒田　徹

オンデマンド版編注：本書で使用した実験用プリント基板と主要部品セットの頒布サービスは既に終了しています．あしからずご了承ください．

CONTENTS

実際のトランジスタ素子を動かしてみる

第2章　1石アンプの製作と実験　　　　35

CONTENTS

入力信号の波形を崩さずに増幅できる

第3章　ひずみを小さくした2石アンプ　　　　55

第6章　数Ωの負荷も力強く駆動する　スピーカを鳴らせる11石のパワー・アンプ　107

半導体の基本素子
トランジスタを攻略しよう！

　本書では，スピーカを鳴らすことができるパワー・アンプ（**写真1**）の完成を最終目標にして，トランジスタ回路を設計/製作していきます．

　技術を習得するには，手を動かすことが大切です．手を使い汗をかいて憶えたことは，けっして忘れません．できるだけ多くの回路を製作して実験すべきですが，そのつどプリント基板を作っていたのでは，いくら時間があっても足りません．出費もバカになりません．

　そこで，8種類のアンプを製作できる実験用プリント基板（**写真2**）を用意しました．部品セットと実験用プリント基板の頒布も行います（p.167参照）．

　まず1石アンプを作り，動作を確認したら，トランジスタを追加して2石アンプにするというように，少しずつ部品を足し，8種類の回路を実験していきます．

スピーカ

スピーカ・ケーブル

音量調節用の
可変抵抗器

グラウンド

±電源
実験用プリント基板で作った
パワー・アンプ

写真1　第6章で作るトランジスタ・アンプでスピーカを鳴らしているところ

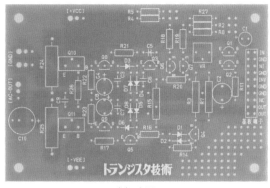

（a）表面

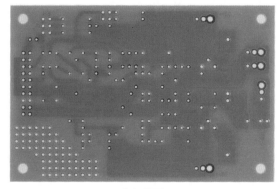

（b）裏面

写真2　実験用プリント基板

1石アンプ，2石アンプ，3石アンプ，5石アンプ，7石アンプ，9石アンプ，単電源11石アンプ，両電源11石アンプの8種類のアンプを作れる

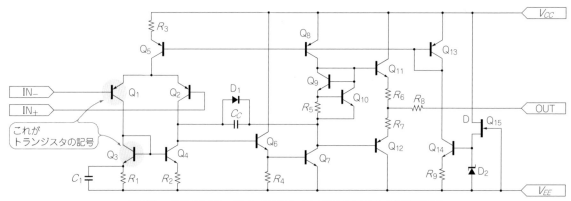

図1(1)　　汎用OPアンプとして有名な4558（NJM4558）の内部等価回路

　第5章ではOPアンプ回路を作ります．実際のOPアンプの内部回路（**図1**）と，製作する回路を見比べてみてください．

　最終的には，スピーカを鳴らせる11石のパワー・アンプを完成させます（**写真3**）．

　私が若い頃は，1年に数十枚のプリント基板を作ったものです．アナログ回路の設計と製作は，それほどの魅力がありました．時は移り21世紀，齢を重ね，回路設計の高揚感を若い人に味わって欲しいと思うようになりました．そんな折，本書の元になった特集の話が舞い込みました．まさに渡りに船，即座にお引き受けしました．アナログ回路を設計/製作する楽しさを味わっていただければと思います．

　本書には，紛れもない過去の回路も混ざっていますが，最終的には，現在も立派に通用する由緒正しい回路まで作ります．

写真3　完成状態の11石アンプ

高価な測定器を使わずに実験を進める

昔のエンジニアは，次のような方法で回路設計を学びました．

- ●トランジスタ（回路）の教科書を読む
- ●回路集に載っている回路を製作する
- ●社内の先輩技術者が設計した回路を改良する

これらの方法はもはや有効ではないでしょう．なぜなら，いまや回路集の類は入手が難しいうえ，トランジスタ回路を理解している技術者も少ないからです．

逆に，昔はなかった有利な状況も生まれています．

- ●回路シミュレータSPICEを利用できる
- ●パソコンを測定器として利用できる

本書では，これらの状況を踏まえ，次のようなやりかたでアナログ回路の理解を深めます．

● 身近な機器を利用して安価に測定環境を整える

電子回路は，完ぺきに設計したつもりでも，どこかに見落としがあるものです．必ず測定して動作を確認しなければなりません．増幅回路の測定には，

- ① オシロスコープ
- ② 信号発生器（発振器）
- ③ 交流電圧計
- ④ ひずみ率計

などが必要です．そうはいっても，個人が測定器をそろえるのは，なかなか大変です．

そこで，パソコンのオーディオ機能を利用します．

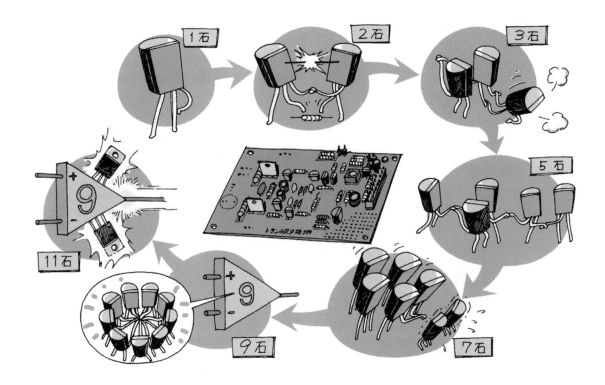

ソフトウェアは efu 氏が無償公開しておられる WaveGene と WaveSpectra を使うことにします．

ただし，パソコンを測定器として使うには，いろいろと条件や設定が必要です．これらについて詳しくは Appendix A を参照してください．

▶ 直流電圧の測定

ディジタル・テスタを使います．

▶ 交流電圧の測定

交流電圧計の代わりに，Appendix B で紹介する自作アダプタとテスタを組み合わせて使います．

▶ 信号の発生

信号発生器の代わりに，パソコンのオーディオ出力とソフトウェア WaveGene を使います（図2）．

▶ 波形観測とひずみ率の測定

オシロスコープやひずみ率計の代わりに，パソコンのオーディオ入力とソフトウェア WaveSpectra を使います（図3）．

WaveSpectra は波形表示と FFT 解析[4]の機能をもちます．FFT 解析はひずみ率計としての代用が可能です．

● 電子回路シミュレータ SPICE を利用する

パソコンのオーディオ機能による測定では，周波数特性，小信号の観測，精度などに制約があります．

測定が困難な特性は，電子回路シミュレータ SIMetrix/SIMPLIS のシミュレーションで確認します．「電子回路シミュレータ SIMetrix/SIMPLIS スペシャルパック」（CQ 出版）に収録されています．

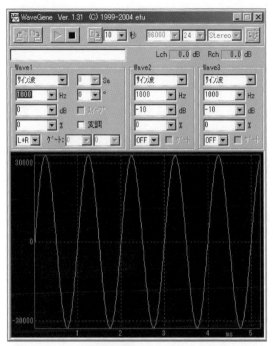

図2 パソコンが信号発生器として使えるようになるフリーのソフトウェア WaveGene

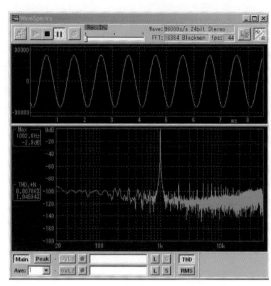

図3 パソコンがオシロスコープとして使えるようになるフリーのソフトウェア WaveSpectra

PSpice や Micro‑CAP など，ほかの SPICE シミュレータでも解析できるよう，トランジスタのデバイス・モデルを公開しています．

● 本書で使用した計測器の一覧

　周波数特性の実測データや，パソコンでは測れない低いひずみ率を測定するために，私が自作した測定器も使っています．

　測定データに，以下のどれを使用して測定したかを示すようにしています．

▶ ディジタル・テスタ

　直流電圧の測定と，自作アダプタと組み合わせた交流電圧の測定に使っています．

▶ パソコン

　波形観測，ゲイン測定，ひずみ率測定，周波数測定に使っています．

　本書の測定では，デスクトップ・パソコン本体のオーディオ入出力を使いました．測定に使ったパソコンのマザーボードはインテル D945GNT です．

▶ 周波数特性測定セット

　私が自作した，信号発生器と交流電圧計などのセットです．パソコンによる信号源では測れない広い周波数帯域の特性を測定します．

▶ ひずみ率測定セット

　私が自作した，低ひずみ正弦波発振器とひずみ率計のセットです．パソコンのFFT解析では測れな

い低いひずみ率の特性を測定します.

● 理屈を抜きにしてまずは作ってみよう

　難しい話もあるかもしれませんが，どうということはありません．はっきりわからなくても「…のようなもの」と自分流に解釈しておけば，先へ進めます.

　「これではいけない」と自覚した時点で真剣に学べばよいのです．難しい理屈を知らないほうが冒険できるので，大発見につながることもあります.

　あまり難しく考えず，まずはどんどん手を動かしましょう．そうすれば自然にわかってくるものです．頭でっかちはいけません.

トランジスタ回路を理解していることのメリット

● トランジスタ回路は電子回路の基礎

　電子回路でOPアンプを使うのは，重要な部分があらかじめ作られており，手軽だからです．逆にいえば，トランジスタ回路の設計は面倒です.

　それでは，トランジスタ回路は必要ないのでしょうか？

　そんなことはありません．OPアンプの動作をより詳しく理解するためには，その中身であるトランジスタ回路の動作を理解する必要があります.

● OPアンプで増幅回路を作ってみる

　＋5Vで動作しマイコンなどと同時に利用するのに向いたOPアンプとして，LM358(ナショナル セミコンダクター，以下NS)があります.

　さて，このLM358を使って図4のような増幅回路を作ったとしましょう.

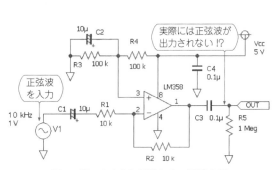

図4　思ったように動作しない回路の例
この回路だけ見ても原因はわからない．OPアンプ内部のトランジスタの動作を理解しなければならない

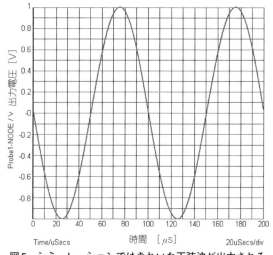

図5　シミュレーションではきれいな正弦波が出力される

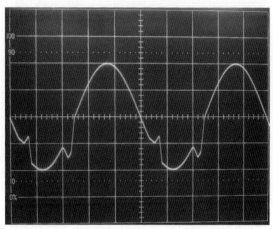

写真4 図4の回路を実際に作ると出力波形が正弦波にならない

AC Coupled Inverting Amplifier

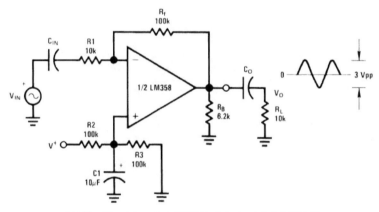

図6[(2)] データシートから引用したLM358の応用回路例

● シミュレーションと比べて実際の波形が汚い

　シミュレーション（SIMetrix）で動作を確認してみましょう.

　正弦波を入力したときの波形は**図5**で，出力はきれいな正弦波になっています．問題はないように思えます.

▶実際の回路では驚くほど汚い波形が出てくる

　実際に**図4**の回路を組み立てて，出力波形をオシロスコープで観察した結果が**写真4**です.

　どうしたことでしょう．驚くほど汚い波形です．なにか間違えたのでしょうか？

▶応用回路例に合わせればシミュレーションどおり

　LM358のデータシートにある応用回路例を，**図6**に示します．一見，**図4**と同じように思えます．しかし，じっくりと見比べると，LM358の出力端子とグラウンドの間に，意味のわからない抵抗6.2 kΩ

があるのに気がつきます.

　応用回路例にあるこの抵抗を加えて再測定すると, **図5**のような, きれいな波形が出力されます.

● トランジスタ回路をシミュレーションすれば実験と同じ結果が得られる

　写真4のような波形になることを, なぜシミュレーションできなかったのでしょうか.

　これは, **図4**のシミュレーションに使ったNS社純正のOPアンプ・モデルが, 大まかなふるまいだけを扱う「機能等価モデル(マクロ・モデル)」だからです.

　LM358内部のトランジスタ回路を使って, **図4**の回路を書き直すと, **図7**のような増幅回路になりま

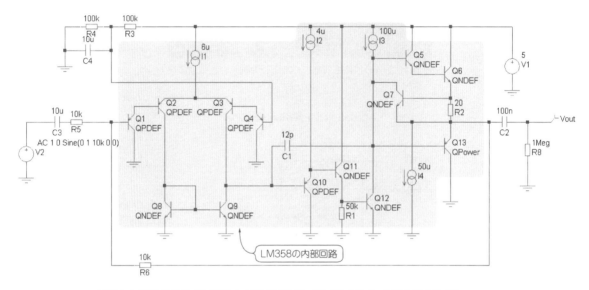

.MODEL QPDEF PNP (IS=2E-15 BF=8　VAF=50 TF=25n RB=300 CJC=1p　CJE=0.4P CJS=3P)
.MODEL QPower PNP (IS=1E-14 BF=50　VAF=50 TF=17n RB=100 CJC=2.5p　CJE=0.7P)
.MODEL QNDEF NPN (IS=5E-15 BF=200 VAF=100 TF=0.3n RB=200 CJC=0.3P CJE=1P　CJS=3P)

図7　図4をトランジスタ回路で書きなおした回路図

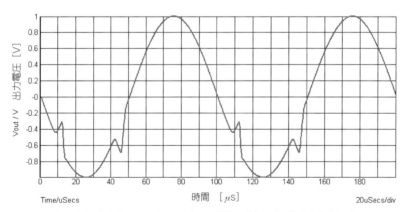

図8　図7をシミュレーションすると写真4と同じ波形が出力される

す.

この**図7**に示した回路のシミュレーション結果を**図8**に示します.**写真3**とよく似た結果になりました.
▶原因はトランジスタの動作にある

波形を出力する途中にトランジスタがONしたりOFFしたりするのが原因です.

抵抗を加えると,トランジスタに電流を流し続けることができ,ひずみの発生を防げます.

● ちょっとしたことで特性向上が望める

このトラブルは,LM358という設計の古いOPアンプだから発生したもので,一般的な話ではありません.

しかし,ここまで極端な話はなくても,ちょっとしたことで特性が向上することは十分にありえます.

そのためには,ICを完全なブラックボックスとして扱うのではなく,内部回路まで立ち入ることが必要なのです.

本書のねらい

● 低周波増幅回路は電子回路設計の基礎になる

本書は,低周波増幅回路に的を絞りました.トランジスタ回路設計の基礎を十分に学べて,実験しやすいからです.

また,低周波増幅回路は,負帰還を学ぶのに格好の教材です.負帰還とは,誤差を検出し,誤差を自動的に減少させる技術です.詳細は第6章で解説します.
▶低周波というけれど具体的には?

昔は,音声信号の上限周波数,つまり20kHzまでを低周波と呼んでいました.しかし,時代とともに,より高い周波数まで利用するようになり,低周波の上限も上がっていきました.

今では100MHzぐらいまでを低周波と呼ぶ場合もあるようです.本書では,1MHzまでを低周波と

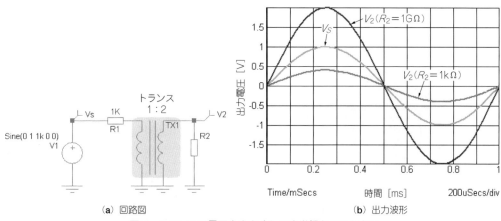

（a）回路図 　　　　　　　　　　　　　　　（b）出力波形

図9　トランスで電圧を大きくしても増幅とはいわない
エネルギー源がないので,2次側にエネルギーを消費する抵抗を接続すると電圧が小さくなってしまう

みなします.

●「増幅」とは何か?

簡単に言えば,増幅とは信号の振幅を拡大することです. そうすると,次のような疑問が生じます.

「電圧を大きくできれば増幅器?トランスは?」

トランスは増幅器ではありません. **図9**のように,巻き線比が1対2のトランスの1次側に内部抵抗1 kΩ,出力電圧1 V_{peak}の信号源をつないだとき,もし負荷抵抗が1 kΩより十分に高ければ,2次側に2 V_{peak}の信号電圧が現れます. しかし,これは増幅ではなく「昇圧」です.

増幅ではない証拠に,2次側に1 kΩの負荷抵抗をつなぐと,2次側電圧は信号源電圧より低い0.4 V_{peak}になってしまいます.

▶ 入力信号と相似なエネルギーを負荷に送る

電源のない回路は増幅器ではありません. 増幅とは,

「電源のエネルギーを利用して,入力信号と相似の信号を負荷に送り込むこと」

と考えればよいでしょう(**図10**).

● 増幅器での相似の概念は正弦波を基本に考える

増幅器でいう,相似,あるいは線形(リニア)の概念は,普通の相似のイメージと少し違います.

正弦波を入力したとき,出力が正弦波ならば,位相や時間がずれていても,相似と考えます(**図11**).

これは,増幅器の動作を「周波数領域」で考えているからです.

▶ 増幅器の解析は周波数領域で行う

学術的には「周波数応答法」と呼んでいるもので,時々刻々変化する信号 $x(t)$ そのものを考察するのではなく,$x(t)$のフーリエ変換形(スペクトラム)を考察する解析法です.

周波数応答が求まれば,任意の波形に対する時間応答が求まることが,その根底にあります.

入力信号に対して出力がどれくらい相似か,という性能を,「周波数特性」や「高調波ひずみ率」という単純明快な指標で評価できます.

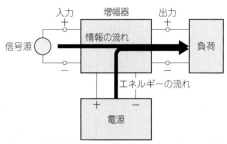

図10 増幅の概念は「電源のエネルギーを利用して,入力信号と相似の信号を負荷に送り込むこと」

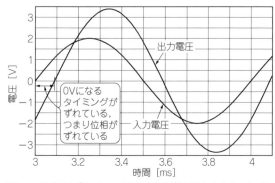

図11 位相がずれていても同じ正弦波が出力されていれば相似と考える

● 増幅器の特性…その1：周波数特性

正確には「ゲイン対周波数特性」というべきですが，一般的に「周波数特性」で通用しています．

「ゲイン（gain）」とは，回路に正弦波を入力したとき，出力に現れるだいたい正弦波に近い信号の振幅を，入力正弦波の振幅で割ったものです．

アンプのゲインは周波数によって変わるので，ゲイン対周波数特性を考えます．

なお，正弦波を入力したときの出力波形が正弦波と著しく異なるときは，ゲインという概念は使えません．

数学でいう正弦波は $\sin(2\pi ft)$ ですが，電子工学では，位相のずれた正弦波 $\sin(2\pi ft + \Phi)$ も，正弦波（正確には Sinusoidal Wave）といいます．

数学でいう余弦波も，電子工学では一般的に正弦波に含めます．ただし，電子工学でも，余弦波と正弦波を明確に区別する場合もあります．

● 増幅器の特性…その2：高調波ひずみ率

波形が正弦波とどのくらい異なっているかを示す値です．この値が小さいほど，正弦波に近い波形です．高調波ひずみ率が0.1％以下だと，オシロスコープなどで波形を見てもまったくわからないほどきれいな正弦波になっています．

出力波形の高調波ひずみ率が小さく，正弦波に近いほど，その増幅器は線形性が良い，つまり出力は入力によく相似しているといえます．

● そのほかに耳にする言葉

▶ インピーダンス

よく耳にするわりに，意味がわかりにくい用語ですが，これは「交流電圧/交流電流」と思ってください．いわば抵抗のようなものです．

本当の意味は違っていて，周波数応答法の基になる「ヘビサイドの演算子法」と密接に関係する概念です．

▶ ラプラス変換とフーリエ変換

回路設計に不可欠な理論ですが，ここでは触れません．文献(3)(4)などを参照してください．

1石アンプからOPアンプへ

● 個別トランジスタでOPアンプを製作する

アナログ回路は多種多様で，なかには複雑な回路もあります．しかし，複雑な回路も，多くの場合は基本回路の組み合わせにすぎません．

アナログ回路でひんぱんに現れるOPアンプの内部回路は，まさに基本回路の宝庫です．

したがって，OPアンプの内部回路を理解できていれば，他のさまざまなアナログ回路（発振回路，変調回路，アナログ信号処理など）の設計も，短期間でマスタできます．

表1 実験用プリント基板に実装する部品

記　号	品　名	値(型番)	数量	特記事項
R_{22}, R_{23}	1/4 W J 級 炭素皮膜抵抗 （J 級とは ± 5 % 精度のこと． K 級は ± 10 % 精度である）	100 Ω	2	金属皮膜でもよい
R_{29}		220 Ω	1	
R_{21}		330 Ω	1	
R_{17}		390 Ω	1	
R_3, R_7, R_{11}, R_{18}, R_{19}, R_{20}		1 kΩ	6	
R_4, R_{13}, R_{16}		2.2 kΩ	3	
R_{14}		2.7 kΩ	1	
R_9		7.5 kΩ	1	
R_1, R_8, R_{10}, R_{12}, R_{15}, R_{28}		10 kΩ	6	
R_1, R_2		22 kΩ	2	
R_6		33 kΩ	1	
R_1, R_5		100 kΩ	2	
R_{27}		300 kΩ	1	
R_{26}	1 W J 級 酸化金属皮膜抵抗	33 Ω	1	
R_{24}, R_{25}	2 W J 級 酸化金属皮膜抵抗	3 Ω	2	
VR_1	半固定抵抗器 7 mm 角　上面調整型	10 kΩ	1	
C_1	25 V 耐圧アルミ電解コンデンサ	10 µF	1	
C_2, C_4, C_8		100 µF	3	
C_{10}		1000 µF	1	
C_5	50 V 耐圧 セラミック・コンデンサ　B 特性または CH 特性	100 pF	1	500 V 耐圧でも可
C_3, C_6, C_7	50 V 耐圧セラミック・コンデンサ	0.1 µF	3	
C_9	50 V 耐圧 K 級 マイラ・フィルム・コンデンサ	0.047 µF	1	
$D_1 \sim D_8$	小信号スイッチング・ダイオード	1N4148	8	
Q_1, Q_2, Q_4, Q_5	小信号 NPN 型トランジスタ	**2SC1815**	4	
Q_3, Q_6, Q_7	小信号 PNP 型トランジスタ	**2SA1015**	3	
Q_8	小信号 NPN 型トランジスタ	**2SC4408**	1	2SB647/D667, 2SB647A/D667A, 2SA1020/C2655 も可
Q_9	小信号 PNP 型トランジスタ	**2SA1680**	1	
Q_{10}	NPN 型パワー・トランジスタ	**2SD2012**	1	2SB834/D880 も可
Q_{11}	PNP 型パワー・トランジスタ	**2SB1375**	1	
ピン・ヘッダ(基板端子)	オス 2.54 mm ピッチ 20 ピン (10 個× 2 列)		2	
ピン・ソケット	メス 2.54 mm ピッチ 20 ピン (10 個× 2 列)		1	
ショート・ピン	2.54 mm ピッチ		2	
スペーサ	M3 ねじ付き		4	
配線用線材	φ 0.3 塩化ビニル被覆撚り線		適量	ジャンパ配線などに使う

● 1石アンプからスタートする

この理由は二つあります．

一つは，ビギナがトランジスタの動作を学ぶには，簡単な回路から始めたほうが動作を理解しやすいからです．

もう一つは，アンプの設計思想の変遷を学ぶためです．1石アンプからOPアンプに到達する過程は，生物の進化と似ています．激変する環境に適応できる種だけが存続する生物の世界ですが，それは電子

表2 実験用プリント基板に実装する以外に必要になる部品類

区分け	品 名	型名・仕様	数量	備 考
パソコンとのインターフェース	可変抵抗器（ボリューム）	2 kΩ (A) または(B)	1	半固定でもよい
		10 kΩ (A) または(B)	1	半固定でもよい
	炭素皮膜抵抗 1/4 W J級	470 Ω	1	発振防止用
		1 kΩ	1	第5章の負荷抵抗
		3.3 kΩ	1	減衰器
		10 kΩ	2	減衰器とZ_{in}測定
	フィルム・コンデンサ	1500 pF	1	マイラでよい
	アルミ電解コンデンサ	10 µF/25V	1	
	酸化金属皮膜抵抗	8 Ω/3 W 以上，ダミーロード	1	8.2 Ωや10 Ωでもよい
	φ 3.5 ステレオ・ジャック	接続ケーブルのプラグを受ける	2	
	接続ケーブル	両端ステレオ・ミニ・プラグ	2	
電源（単電源11石アンプ用を除く）	整流用ダイオード	10DDA10(100 V/1 A程度)	2	10E1，1N4002でもよい
	AC アダプタ	スイッチング型9 V/1 A 以上	2	
	ポリ・スイッチ	0.5 A	2	ヒューズでもよい
	3端子レギュレータ	AN8005(出力電圧5 V)	1	78L05でもよい
	アルミ電解コンデンサ	47 µF/25 V	2	
	DC ジャック	AC アダプタのプラグに合うもの	2	
	発光ダイオード	高輝度タイプ	1	
	炭素皮膜抵抗 1/4 W J級	10 kΩ	1	
	トグル・スイッチ	2 P 125 V/0.3 A 以上	1	3 Pでもよい
	9 V 電池	006P	1	
	電池スナップ	006P 用	1	
	耐熱電線(3色)	φ 0.8 ～ 1.0	適量	

回路も同じです．

　真空管→個別トランジスタ→ICに至る環境の変化は，必然的に回路の設計思想を変えていきます．

　2石アンプは，1石アンプの単純な2段重ねではありません．1石から2石への変化は，えら呼吸が肺呼吸に変わったほどの違いがあります．

　1石から11石へと姿を変えるアンプを製作し，設計手法の進化を学びます．

　実験に必要な部品を表1と表2にまとめました．部品集めの参考にしてください．

第1章

小さな信号を増幅してくれる

トランジスタの動かしかた

さっそく製作…といきたいところですが，その前にある程度基礎知識を身に付けておきましょう．

すぐに製作したいという方は，本章を飛ばして第2章を見てください．

本章では，増幅器の設計に必要なさまざまな概念，用語，数式のなかから，特に重要なものを取り上げます．

数式が多くて面食らうかもしれませんが，計算なしでは実際に回路を設計できません．

1-1 トランジスタのしくみ

● トランジスタは半導体素子の一つ

半導体とは，導体と不導体(絶縁体)の中間的な性質をもつ物質という意味です．

導体とは金属などの電気を通す物質のことで，絶縁体とはプラスチックなどの電気を通さない物質のことです．

半導体の代表的な例は，Ⅳ族元素のシリコン(ケイ素)です．本書で扱う半導体はすべてシリコンでできています．

高純度のシリコンなど半導体の単結晶にⅢ族の元素をごく微量添加するとP型領域が作れます．また，Ⅴ族の元素をごく微量添加するとN型領域が作れます．半導体の単結晶の中に，P型領域とN型領域を適切に作ると，ダイオード(diode)やトランジスタ(transistor)が作れます．

半導体についての詳細は，参考文献(1)(2)などを参照してください．ここでは概要だけ解説します．

二つの領域の組み合わせで作られるダイオード

P型領域とN型領域を図1-1(a)のように形成した半導体を，PN接合ダイオードと言います．P型領域とN型領域の境界付近を，PN接合と言います．ダイオードの回路図記号を図1-1(b)に示します．

● 電圧の加えかたによって2種類の状態になる

図1-1(c)に示すように，電圧の加えかたによって，順バイアスと逆バイアスという二つの状態になります．

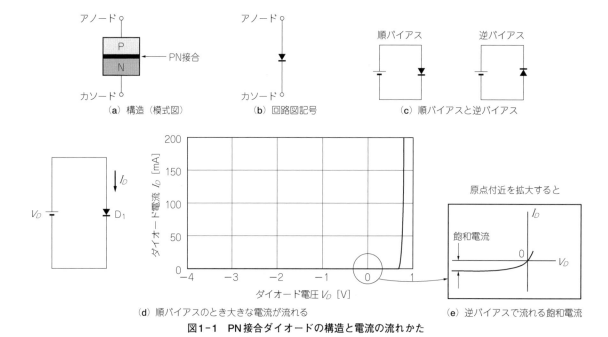

（a）構造（模式図）　　　　（b）回路図記号　　　　（c）順バイアスと逆バイアス

（d）順バイアスのとき大きな電流が流れる　　　　（e）逆バイアスで流れる飽和電流

図1-1　PN接合ダイオードの構造と電流の流れかた

　ダイオードのP型領域につながる端子をアノード（anode），またN型領域につながる端子をカソード（kathode）と言います．

　アノードがカソードに対しプラスになるように電圧を加えることを順バイアスと言い，カソードがアノードに対しプラスになるように電圧を加えることを逆バイアスと言います．

● 電流は順バイアスのときにしか流れない

　ダイオードの電流-電圧特性を**図1-1（d）**に示します．

　ダイオードに順バイアス電圧を加えると，電流（順電流）が流れます．

　一方，ダイオードに逆バイアス電圧を加えた場合は，ほとんど電流は流れません．

　逆バイアスを加えた場合の理論上の電流値は，$10^{-10} \sim 10^{-16}$ A程度です．この電流は逆バイアス電圧を大きくしても，理論上はある値以上にはなりません．値が飽和して増えないので，この電流値を飽和電流［**図1-1（e）**参照］といいます．

三つの領域で作られるバイポーラ・トランジスタ

　図1-2（a）のように，P型領域を中間に挟んだNPN構造の半導体をNPN型トランジスタと言い，**図1-2（b）**のようにN型領域を中間に挟んだPNP構造の半導体をPNP型トランジスタと言います．

● PN接合そのものはダイオードと同じ

　図1-2（a），**（b）**で明らかなように，トランジスタには，

　　①ベース-エミッタ間PN接合

　　②ベース-コレクタ間PN接合

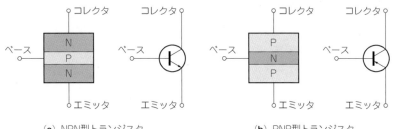

(a) NPN型トランジスタ　　　　　　　　　　　　　(b) PNP型トランジスタ

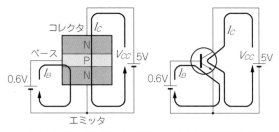

(c) NPN型トランジスタにはこんなふうに電流が流れる

図1-2　バイポーラ・トランジスタの構造と電流の流れかた

の二つのPN接合があります.

　トランジスタのPN接合とダイオードのPN接合は本質的に同じなので，ベース-エミッタ間を順バイアスにすると，ベース-エミッタ間にベース電流 I_B が流れます.

● 適切に電圧を加えると増幅素子として動作する

　NPN型トランジスタを例に話を進めます.

　ベース-エミッタ間を順バイアスにしたまま，エネルギーを供給するため，図1-2(c)のように電源電圧をコレクタ-エミッタ間に加えます.

　例えば，ベース-エミッタ間電圧 V_{BE} が0.6 Vになるように順バイアス電圧を加え，それから5 Vの電源電圧 V_{CC} を与えたとしましょう.

　このとき，コレクタ-ベース間電圧 V_{CB} は，

Column

飽和電流は順方向がプラス？それとも逆方向がプラス？

　ダイオードに逆バイアス電圧を印加すると，微小電流がカソード→アノードの向きに流れます.

　通常動作とは逆に電流が流れますが，飽和電流は正（プラス）の値です. そういう約束事になっているのです.

　電子工学は，さまざまな紆余曲折を経て発展して

きた実用的な学問ですから，必ずしも数学のような厳密な整合性はありません.

　電流の符号も，本来は電子の流れる方向を正とすべきですが，電流の流れる方向を定めた時代に，現在の電子の概念はなかったのでしかたがありません.

$$V_{CB} = V_{CC} - V_{BE} \fallingdotseq 5 - 0.6 = 4.4 \text{ V}$$

です．したがって，ベース-コレクタ間PN接合は逆バイアス状態です．ベース-コレクタ間に流れる電流は，無視できるほど微小のはずです．

▶逆バイアスのPN接合を通り抜けてコレクタからエミッタに電流が流れる

ところが，ベース領域を薄く作ってあると，この逆バイアスのベース-コレクタ接合を通り抜けて，大きなコレクタ電流I_Cが**図1-2**(c)のように流れます．

これがトランジスタの動作のもっとも大事なところです．詳しくは，文献(1)(2)などを参照してください．

コレクタ電流I_Cの値は，ベース-エミッタ間に流れるベース電流I_Bの50〜1000倍にも達します．

ベース電流I_Bとベース-エミッタ間電圧V_{BE}は，先に述べたようにダイオードの関係にあります．

よって，コレクタ電流I_Cは，ベース-エミッタ間電圧V_{BE}の大小に応じて変化します．

このV_{BE}，I_B，I_C間の性質を利用して，増幅器を作ることができます．

図1-2(c)はNPN型トランジスタの場合ですが，PNP型トランジスタの場合は，電圧と電流の極性をそれぞれ逆にします．

1-2 トランジスタの動かしかた

図1-3に示すのは，エミッタ共通回路(詳細は第2章)と呼ばれるもので，もっとも基本的な増幅回路です．

● 信号の取り出しかた

図1-2(c)では，コレクタは電源に直接つながっています．しかし，実際の回路は，たいてい**図1-3**のようにコレクタと電源の間に抵抗が入っています．

抵抗を入れると，コレクタ電流が変化したとき，オームの法則によって，挿入した抵抗(**図1-3**の$10\,\text{k}\Omega$)の両端電圧$R_1 I_C$が変化します．その変化ぶんを出力電圧として取り出すのが増幅器として一般的です．

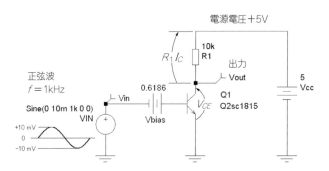

.MODEL Q2SC1815 NPN (IS=1.0E-14 BF=170 BR=3.6 VAF=100 IK=0.15
+   RB=50 TF=0.5N TR=20N CJE=18P CJC=4.8P XTB=1.7)

図1-3 トランジスタ1個の簡単な増幅器(シミュレーション回路)

● 信号はバイアス電圧とともに入力する

一般に，回路中のどこかに直流電圧や直流電流を加えることを，バイアス（bias）を与える（加える）といいます．

図1-3の電圧源V_{bias}がベース・バイアス電圧です．V_{bias}によってベース-エミッタ間PN接合を順バイアスにします．

図1-3の増幅器に片ピーク振幅10mV，周波数1kHzの正弦波を入力し，SPICEでシミュレーションしてみましょう．

バイアス電圧V_{bias}の値によって，出力波形が**図1-4**のように変わるのがわかります．

▶ V_{bias} = 0Vのとき

出力波形は，電源電圧に等しい水平な直線です．つまり，増幅器になっていません．バイアスを加えていないからです．

▶ V_{bias} = 0.6186Vのとき

適切なバイアスを加えて，増幅器として動作させた状態です．

出力波形は，ほぼ正弦波です．出力波形の両ピーク振幅は2V，入力正弦波の両ピーク振幅は20mVですから，電圧ゲインは2V/20mV = 100倍の増幅器になっています．

▶ V_{bias} = 0.65Vのとき

先ほどの適切なバイアス電圧より，バイアス電圧を0.03V大きくしてみました．出力電圧は0Vに近く，増幅器として満足に機能していません．

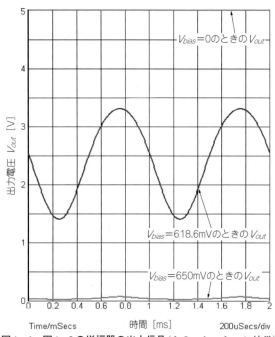

図1-4 図1-3の増幅器の出力信号（シミュレーション結果）

なにもないと動かない　　　適切に持ち上げると動く　　　持ち上げすぎても ダメ

1-3 トランジスタのふるまい

● 電圧と電流の関係を計算で求める方法

　わずかなバイアス電圧の変化で，増幅器として動作しなくなってしまいました．この動作を簡単に説明するには，トランジスタの等価回路を使うと便利です．

　等価回路とは，デバイスの内部動作を数学モデルで表したものです．**図1-5**は「エバース-モル・モデル（Evers‐Moll model）[7]」という等価回路です．

　図1-3のトランジスタ2SC1815（東芝）はNPN型ですから，**図1-5**のように2個のPN接合ダイオードのアノードが背中合わせにつながると考えられます．

　ダイオードに流れる電流をI_{D1}，I_{D2}とすると，コレクタからエミッタに向かって，次に示す電流Iが流れます[7][8]．

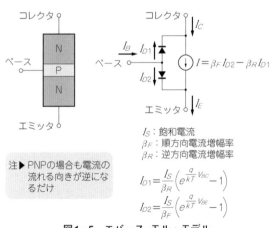

I_S：飽和電流
β_F：順方向電流増幅率
β_R：逆方向電流増幅率

注▶ PNPの場合も電流の流れる向きが逆になるだけ

$$I_{D1}=\frac{I_S}{\beta_R}\left(e^{\frac{q}{kT}V_{BC}}-1\right)$$

$$I_{D2}=\frac{I_S}{\beta_F}\left(e^{\frac{q}{kT}V_{BE}}-1\right)$$

図1-5　エバース-モル・モデル
トランジスタの数値モデルとしてもっとも一般的なもの

$$I = \beta_F I_{D2} - \beta_R I_{D1} \quad \cdots\cdots\cdots\cdots\cdots\cdots\cdots\cdots\cdots\cdots\cdots\cdots\cdots\cdots\cdots\cdots (1\text{-}1)$$

ただし，β_F：順方向電流増幅率，β_R：逆方向電流増幅率

$\beta_F I_{D2}$はコレクタ→エミッタの向きに流れ，$\beta_R I_{D1}$はエミッタ→コレクタの向きに流れます．

β_Fとβ_Rはトランジスタによって決まる定数です．2SC1815の場合は$\beta_F = 170$，$\beta_R = 3.6$とします．

● 増幅器として動作させる場合の簡略化等価回路

ここで，コレクタ電圧がベース電圧より高い，すなわち$V_{CB} > 0$の場合を考えてみましょう．

コレクタ-ベース間ダイオードは逆バイアスですから，I_{D1}は無視できるほど小さな値です．そこで，$V_{CB} > 0$の場合は，**図1-5**の等価回路を**図1-6**のように簡略化できます．

図1-6の簡略化モデルのコレクタ電流I_Cは，式(1-1)に$I_{D1} = 0$，$I_{D2} = I_B$，$I = I_C$を代入し，

$$I_C = \beta_F I_B \quad \cdots\cdots\cdots\cdots\cdots\cdots\cdots\cdots\cdots\cdots\cdots\cdots\cdots\cdots\cdots\cdots (1\text{-}2)$$

となります．この式の意味は，

NPN型トランジスタのコレクタ-ベース間電圧が正ならば，コレクタ電流はベース電流に比例する

ということです．

$V_{CB} > 0$の場合，式(1-2)の順方向電流増幅率β_Fは，直流電流増幅率h_{FE}と等価です．h_{FE}は次式で定義されます．

$$h_{FE} = \frac{I_C}{I_B} \quad \cdots\cdots\cdots\cdots\cdots\cdots\cdots\cdots\cdots\cdots\cdots\cdots\cdots\cdots\cdots\cdots (1\text{-}3)$$

式(1-3)は次のように表すこともできます．

$$I_C = h_{FE} I_B \quad \cdots\cdots\cdots\cdots\cdots\cdots\cdots\cdots\cdots\cdots\cdots\cdots\cdots\cdots\cdots (1\text{-}4)$$

h_{FE}の値は，トランジスタの種類によって違いますが，一般に50〜1000程度です．

● $V_{BC} < 0$かつ$V_{BE} > 0$が必要

図1-6から明らかなように，ベース-エミッタ間に正のバイアス電圧を加えて$V_{BE} > 0$としなければ，ベース電流は流れません．よってコレクタ電流も流れません［式(1-2)参照］．

逆にいうと，NPN型トランジスタを増幅器として働かせるには，$V_{BE} > 0$となるようにバイアス電圧を与える必要があります．

NPN型トランジスタを$V_{BC} < 0$かつ$V_{BE} > 0$で働かせることを活性領域動作と言います（**表1-1**）．

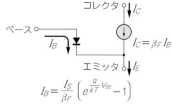

図1-6 簡略化したエバース-モル・モデル

表1-1 トランジスタの動作状態は4種類に分類できる

動作状態	ベース-エミッタ間 PN 接合	ベース-コレクタ間 PN 接合
活性領域	順バイアス	逆バイアス
飽和領域	順バイアス	順バイアス
逆接続領域	逆バイアス	順バイアス
遮断領域	逆バイアス	逆バイアス

1-4 設計の第一歩は入力信号がないときの電圧/電流の設定

● 信号がないときの電圧/電流を動作点と言う

増幅回路に信号を入力すると，回路各部の電圧や電流は，入力信号に同期して，連続的に変化します．

信号を入力しないとき，あるいは入力信号の振幅がゼロのときは，回路各部の電圧や電流は一定の値にとどまっています．というより，とどまるように設計しなければいけません．

信号を入力しないとき（無信号時），回路各部の電圧や電流は変動しない値，すなわち直流値です．

この値を動作点（operating point）とか直流動作点といいます．

● 無信号時にも電流を流さないと増幅器にならない

図1-4からわかるように，適切な動作点でトランジスタを動作させないと，増幅器として働きません．増幅器設計の第一歩は，動作点を適切に設定することです．適切な動作点を得られるようなバイアスを与えるということです．詳しくは第2章で解説します．

適切な動作点の求めかたの例

● 最も大きな出力電圧が取れるように決める

図1-3の回路で可能な限り大振幅の出力電圧を得るためには，コレクタ電圧の動作点を何Vにしたらよいでしょう？

答えは，電源電圧V_{CC}の1/2ぐらい，すなわち2.5Vぐらいにするのが良いのです．

▶コレクタの電圧は0.1V〜電源電圧まで変化する

十分に大きな信号を入力すると，コレクタ電流の変動により，コレクタのグラウンドに対する電圧は，約0.1Vから電源電圧（この場合5V）まで変化します．0Vからではない理由は後述します．

仮にコレクタ電圧の動作点を，例えば4Vにしたとすると，コレクタ電圧が上昇するときの動作点からの最大変化量は(5 − 4)V，すなわち1Vしかありません［図1-7(a)］．

逆に動作点を低く設定，例えば1Vにしたとすれば，コレクタ電圧が下降するときの動作点からの最大変化量は(1 − 0.1)V，すなわち0.9Vしかありません［図1-7(b)］．

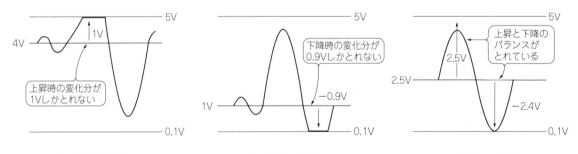

(a) 4Vにしたとき　　　(b) 1Vにしたとき　　　(c) 2.5Vにしたとき

図1-7　動作点は増加/減少のバランスがすぐれたところに設定する

▶増加/減少の両方に余裕をもつ動作点が適切

　コレクタ電圧の動作点を2.5 Vにすると，コレクタ電圧が上昇するときの動作点からの最大変化量は(5 − 2.5) V = 2.5 Vで，下降するときの動作点からの最大変化量は(2.5 − 0.1) V = 2.4 Vとなります［**図1-7(c)**］.

　したがって，少なくとも ± 2.4 Vの正弦波出力電圧を取り出すことができます.

● **コレクタ電圧の動作点を2.5Vにするベース・バイアス電圧を計算する**

　V_{CE}の動作点を電源電圧のちょうど半分にあたる2.5 Vに定めます.

　バイアスの設定は，適切な動作点を得られるときのバイアスはどうなるか，と考えます. すなわち「V_{CE}を2.5 Vにするには，何Vのベース・バイアス電圧を与えればよいか」と考えます. 具体的には次の手順で答えを求めます.

▶コレクタ電圧からコレクタ電流を求める

　図1-3に示すように，コレクタ抵抗R_1の電位降下は，オームの法則によって$R_1 I_C$です.

　コレクタ抵抗R_1の電位降下$R_1 I_C$，電源電圧V_{CC}，コレクタ-エミッタ間電圧V_{CE}の間には，キルヒホッフの電圧則によって，次式が成り立ちます.

　　$R_1 I_C + V_{CE} = V_{CC}$

この方程式をI_Cについて解くと，次の値が得られます.

$$I_C = \frac{V_{CC} - V_{CE}}{R_1} = \frac{5 - 2.5}{10000} = 0.25 \text{ mA} \quad\cdots\cdots\cdots\cdots\cdots\cdots\cdots\cdots\cdots\cdots (1\text{-}5)$$

▶コレクタ電流からベース-エミッタ間電圧を求める

　次に，I_Cを0.25 mA流すためには，ベース-エミッタ間電圧V_{BE}をいくらにしたらよいか考えます.

　この問題を解くには，V_{BE}とI_Cの関係を示す式が必要です. 関係式を導きましょう. **図1-6**の簡略化エバース-モル・モデルを見てください. ダイオード電流すなわちI_Bは次式で与えられます.

$$I_B = \frac{I_S}{\beta_F} \left(e^{\frac{q}{kT} V_{BE}} - 1 \right) \quad\cdots\cdots\cdots\cdots\cdots\cdots\cdots\cdots\cdots\cdots\cdots\cdots (1\text{-}6)$$

　ただし，I_S：飽和電流［A］，β_F：順方向電流増幅率，q：電子の電荷(1.60217 × 10^{-19})［C］，k：

ボルツマン定数(1.38065 × 10⁻²³)[J/K], T：絶対温度[K], e：自然対数の底(2.718…)

式(1-6)を式(1-2)に代入すると β_F が消え，

$$I_C = I_S \left(e^{\frac{q}{kT} V_{BE}} - 1 \right) \quad \cdots\cdots (1\text{-}7)$$

が得られます．通常の使用状態では，$e^{qV_{BE}/kT}$ は 1 に比べて非常に大きいので，式(1-7)は十分に良い精度で次のように近似できます．

$$I_C = I_S \, e^{\frac{q}{kT} V_{BE}} \quad \cdots\cdots (1\text{-}8)$$

これが I_C と V_{BE} の関係を示す式です．

式(1-8)を V_{BE} と I_C に関する方程式とみなし，V_{BE} について解くと，

$$V_{BE} = \frac{kT}{q} \ln \left(\frac{I_C}{I_S} \right) \quad \cdots\cdots (1\text{-}9)$$

が得られます〔ただし，$\ln(x)$ は $\log_e(x)$〕．

$I_C = 0.25\,\text{mA}$, $I_S = 1 \times 10^{-14}\,\text{A}$ を代入すると，$V_{BE} = 0.6186\,\text{V}$ と求まります．

▶ベース・バイアス電圧が求まったので計算終了

したがって，**図1-3**のベース・バイアス電圧 V_{bias} を 0.6186 V に設定すれば，コレクタ電圧 V_{CE} の動作点は 2.5 V になります．

シミュレーションで確かめると，V_{CE} の動作点は 2.52 V になっています（**図1-4**）．設計目標値の 2.5 V より 1 ％ほど高いですが，目くじらを立てるほどの誤差ではありません．

1-5　動作をもう少し詳しく見てみる

● 正弦波の入力は少し形が変わって出力される

V_{bias} を 0.6186 V に設定し，片ピーク振幅 10 mV の正弦波を入力すると，コレクタ電流は**図1-8**のように変化します．

ベース-エミッタ間電圧 V_{BE} が 10 mV 増えるとコレクタ電流は 0.12 mA 増えます．一方，V_{BE} が 10 mV 減少すると，コレクタ電流は 0.08 mA 減少します．

つまり，コレクタ電流の増減は非対称です．これは波形ひずみをもたらします．トランジスタの増幅動作には，原理的にひずみがあるわけです．

● コレクタ電流はベース電圧1 mVにつき4 ％増加

式(1-8)は，トランジスタのチップ温度が 27 ℃（$T = 300.15\,\text{K}$）のとき，ベース-エミッタ間電圧 V_{BE} を 1 mV 増やすと，コレクタ電流 I_C が 3.946 ％増えることを意味します．つまり，式(1-8)は次式と等価です．

$$I_C = I_S \times 1.03946^{V_{BE}/0.001} \quad \cdots\cdots (1\text{-}10)$$

ただし，I_C：コレクタ電流［A］，I_S：飽和電流［A］，V_{BE}：ベース-エミッタ間電圧［V］

式(1-8)と式(1-10)が等価なことは，各式の対数をとって比較すれば，すぐに導出できます．

2SC1815 の飽和電流 I_S は 1×10^{-14} という微小値なので，V_{BE} が小さいときの I_C は微々たるものです．

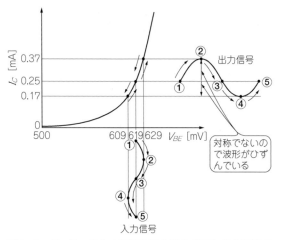

図1-8　ベースへの入力電圧と出力になるコレクタ電流の関係

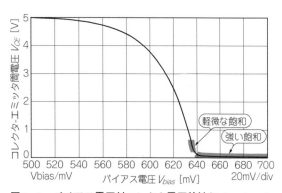

図1-9　バイアス電圧対コレクタ電圧特性(シミュレーション)

過大なバイアス電圧を与えるとコレクタ電圧はほぼ0になる(飽和領域の動作)

しかし，V_{BE}が0.5Vを越えるあたりから，I_Cはめざましく増加します(図1-8)．

● V_{CE}がゼロにならない理由

　図1-3の回路でV_{bias}を増やしていくと，コレクタ電流が増え，そしてコレクタ電圧V_{CE}が低下していきますが，V_{CE}が100 mV程度まで低下すると，V_{CE}の低下のペースが急に緩やかになります(図1-9)．

▶ベース-コレクタ間ダイオードが働く

　V_{CE}がV_{BE}より低下すると，図1-5のベース-コレクタ間ダイオードが順バイアスになり，I_{D1}が急増するために，このような現象が起こります．

　I_{D1}はベースからコレクタに向かって流れます．さらに，$\beta_R I_{D1}$という電流がエミッタからコレクタに向かって流れます．ダイオード電流I_{D1}と従属電流$\beta_R I_{D1}$の二つが，コレクタ電流を抑制します．

　したがって，V_{BE}をいくら増やしても，コレクタ電流は(V_{CC}/R_1)程度に抑えられます．この状態のコレクタ-エミッタ間電圧を「コレクタ-エミッタ間飽和電圧$V_{CE(sat)}$」と言います(図1-9)．

▶増幅動作はほとんど行われない

　この状態($V_{BC}>0$かつ$V_{BE}>0$の状態)を「飽和領域」と言います．

　飽和領域では，V_{BE}を変化させても，コレクタ電圧やコレクタ電流はほとんど変化しません．したがって，増幅器として満足できる性能は得られません．

　ただし，軽微な飽和ならば増幅器として使用可能です．詳細は第5章で取り上げます．

　トランジスタをスイッチとして働かすときは，飽和領域を積極的に利用しますが，ここでは触れません．

第1章のまとめ

(1) 無信号時の回路各部の電圧や電流を動作点と言う

(2) 交流信号を加えると，各部の電圧/電流は動作点を中心に変動する

(3) トランジスタで信号を増幅するには，$V_{BC} < 0$でベース-エミッタ間に適正バイアス電圧を与える必要がある

(4) トランジスタを$V_{BC} < 0$かつ$V_{BE} > 0$の活性領域で使うと，次の二つの式が同時に成り立つ

$$I_C = h_{FE} I_B$$

$$I_C = I_S \left(e^{\frac{q}{kT} V_{BE}} - 1 \right)$$

(5) 活性領域においてV_{BE}を$1\,\mathrm{mV}$増やすと，I_Cは約$4\,\%$増える

第2章

実際のトランジスタ素子を動かしてみる

1石アンプの製作と実験

この章から，実際に製作と実験に移ります．

各章とも，製作→回路の解説→測定結果という順番で話を進めていきます．

まずは，第1章で示したエミッタ共通回路を実際のトランジスタで実現してみましょう．

2-1 製作の手順

● 部品を取り付ける順番

回路図を**図2-1**に示します．

取り付ける部品を**表2-1**に，取り付けが終わった基板（実験用プリント基板を使用した場合）の外観を**写真2-1**に示します．

部品の取り付け順の原則は以下の二つです．

- ●熱に強い部品→熱に弱い部品
- ●背の低い部品→背の高い部品

抵抗やセラミック・コンデンサなどの熱に強い部品を先に取り付け，トランジスタや電解コンデンサなどの熱に弱い部品はあとから取り付けます．

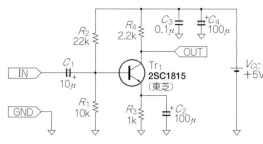

図2-1 製作した1石アンプ（エミッタ共通回路）
図1-3の原理回路を実用回路に仕上げた

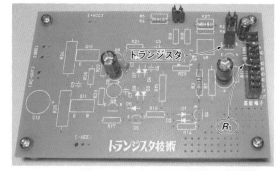

写真2-1 実験用プリント基板で作った1石アンプの外観

表2-1　実験用プリント基板に取り付ける部品の一覧

取り付け順	記　号	値など	タイプ	取り付け
1	R_2	22 kΩ	1/4 W J 級　炭素皮膜(赤赤橙金)	基板に挿入
	R_3	1 kΩ	1/4 W J 級　炭素皮膜(茶黒赤金)	基板に挿入
	R_4	2.2 kΩ	1/4 W J 級　炭素皮膜(赤赤赤金)	基板に挿入
2	C_3	0.1 μF	50 V セラミック・コンデンサ	基板に挿入
3	基板端子	20 ピン(10×2)	ピン・ヘッダ 2.54 mm ピッチ	基板に挿入
	J_1/J_{18}	6 ピン(3×2)	ピン・ヘッダ 2.54 mm ピッチ (20 ピンを切ったもの)	基板に挿入，J_1 付近
	J_2/J_7	4 ピン(2×2)	ピン・ヘッダ 2.54 mm ピッチ (20 ピンを切ったもの)	基板に挿入，J_2 付近
	基板端子	20 ピン(10×2)	ピン・ソケット 2.54 mm ピッチ	基板端子のピン・ヘッダに装着
4	R_1	10 kΩ	1/4 W J 級　炭素皮膜(茶黒橙金)	ピン・ソケットにはんだ付け
5	Q_1	2SC1815	小信号 NPN 型トランジスタ	基板に挿入
6	C_1	10 μF	25 V アルミ電解コンデンサ	基板に挿入
	C_2	100 μF	25 V アルミ電解コンデンサ	基板に挿入
	C_4	100 μF	25 V アルミ電解コンデンサ	基板に挿入
7	J_1		ジャンパ・ピン	J_1 のピン・ヘッダに装着
	J_2		ジャンパ・ピン	J_2 のピン・ヘッダに装着
	J_3		皮覆撚り線	基板裏で配線
	J_4		皮覆撚り線	基板裏で配線
	J_5		皮覆撚り線	基板裏で配線

　背の高い部品を先に取り付けてしまうと，間に入る背の低い部品が取り付けにくくなります．
　しかし本書では，順番にトランジスタの数を増やしていく関係で，この原則に従うことは無理です．
しかし最初だけでも，この原則に従ってみましょう．

● 基板表面から部品を取り付ける

▶抵抗 $R_2/R_3/R_4$

　R_2，R_3，R_4 の3本を，穴を間違えないように挿入してはんだ付けします．R_1 は基板に取り付けないので後回しです．

　1/4 W の抵抗の穴間隔は原則10.2 mm ですが，R_3 はパターンの関係で17.8 mm になっています．

▶セラミック・コンデンサ C_3

　背が低く，熱に強いので，先に取り付けます．

▶ピン・ヘッダ/ピン・ソケット/ジャンパ・ピン

　ピン・ヘッダは基板表面に表示がないものもあるので間違えないようにしてください(**写真2-2**)．
20ピン，6ピン，4ピンの3か所があります．6ピンと4ピンは，20ピンを切って作ります．

　20ピンのピン・ソケットは基板端子の20ピンのピン・ヘッダに差し込みます．

　J_1 と J_2 にはジャンパ・ピンを差し込みます．

▶抵抗 R_1

　基板端子のピン・ソケットの端子にはんだ付けしてください．上から3番目(NI)と7番目(GND)をつなぐようにはんだ付けします．

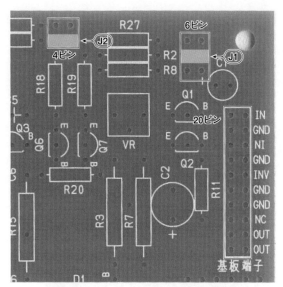

写真2-2　ピン・ヘッダの取り付け位置

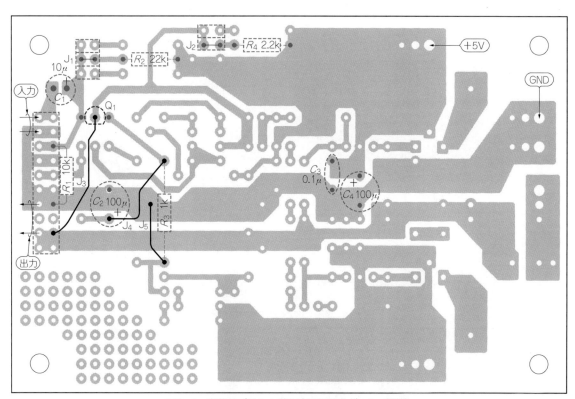

図2-2　実験用プリント基板裏面で行うジャンパ配線

▶トランジスタQ_1

　端子（E：エミッタ，C：コレクタ，B：ベース）を間違えないように，基板上にある記号に合わせて，よく確認して取り付けてください．

▶電解コンデンサ$C_1/C_2/C_4$

　熱に弱く背が高いので，後から取り付けます．極性（プラス，マイナス）がありますので，よく確認して取り付けてください．

● 基板裏面から部品を取り付ける

▶ジャンパ線

　ジャンパは5本ありますが，J_1とJ_2はピン・ヘッダにジャンパ・ピンを取り付けてすませます．

　J_3，J_4，J_5はϕ0.3の被覆撚り線を基板裏で図2-2のように配線してはんだ付けします．

　このJ_3〜J_5は1石アンプの測定がすんだら外します．

2-2 いろいろな電源で動作できる

● 電源を接続するまえに必ず点検する

　電源を接続するまえに，トランジスタや電解コンデンサの逆差しがないか，必ず点検してください．

● 電源配線

　+V_{CC}とGND用にϕ1.0，ϕ1.5，ϕ2.0の穴があります．適当な径の穴に電源供給線を差し込み，はんだ付けします．

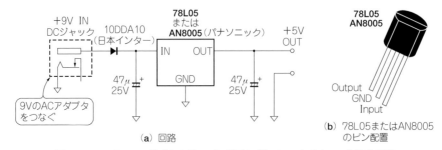

（a）回路

（b）78L05またはAN8005のピン配置

図2-3 9VのACアダプタを使って3端子レギュレータで+5Vを作る回路

表2-2 図2-3の電源回路の部品表

部　品	仕　様	数量	互換品など
ACアダプタ	スイッチング型9V/1A以上	1	
整流用ダイオード	10DDA10（100V/1A程度）	1	10E1, 1N4002でもよい
3端子レギュレータ	AN8005（出力電圧5V）	1	78L05でもよい
アルミ電解コンデンサ	47μF / 25V	2	
DCジャック	ACアダプタのプラグに合うもの	1	
耐熱電線（3色）	ϕ0.8〜1.0	適量	

● 電源は電池やACアダプタなど

　図2-1のアンプの電源電圧は＋5Vですが，＋4.5～＋7Vの範囲であれば問題なく動作します．乾電池の3本直列や4本直列，あるいはACアダプタなど，いろいろな電源で動作できます．

　ただし，このアンプは電源に雑音があるとそのまま出力に現れます．スイッチング型でも雑音の出るものがあり要注意です．

　ACアダプタを使う場合は，9Vのスイッチング型を選び，図2-3のように＋5Vの3端子レギュレータ(78L05，AN8005など)を間に入れるようにしてください．

　図2-3の電源回路の部品表を表2-2に示します．

2-3 原理回路を実用回路に仕上げる

　第1章図1-3の回路に比べ，ずいぶんと部品が多いことを不思議に思う人もいると思います．

　これは，図1-3の回路が原理部分だけを示した，いわば骨組みだからです．その骨組みを肉付けして実用アンプに仕上げたものが図2-1の回路です．

　これはどんな回路も同様です．まず骨組み，それから肉付けです．

　Q_1のコレクタに接続したR_4は，図1-3のR_1に相当するので，これは骨組みのままです．それ以外の回路は，肉付けされた部分になります．

▶原理回路より増えた部品の概要

　R_1とR_2は，ベースにバイアス電圧を与えるための部品です．R_3は動作点を安定化します．

　C_1とC_2の働きはややこしいのであとで説明します．

　C_3とC_4はバイパス・コンデンサ，略して「パスコン」と呼ばれるもので，どんな回路にも，電源には必ずこのパスコンを付けなければなりません．

　図1-3の骨組みが図2-1の実用回路になるまでの歩みを，順を追って説明していきます．

2-4 コレクタ電流の検討

● 動作点が安定しない二つの理由

　実は，第1章の1石アンプ(図1-3)は，そのままでは使いものになりません．コレクタ電流の動作点が，さまざまな要因で変わってしまうからです．

　このことを「動作点が不安定」と表現します．

　動作点が変わると，望んだ特性が出ないことは，第1章で説明しました．動作点が不安定な原因は二つあります．一つは，第1章の式(1-8)の飽和電流I_Sの値のばらつきで，もう一つは，式(1-8)の中にある温度Tの変化です．

● 同じ型番でも飽和電流の値はばらつく

　同じ型番でも，個々のトランジスタの飽和電流は，値が数倍ほどばらつきます．

　前章ではI_Sを0.01pAとしましたが，もし0.02pAならば，図1-3の回路のコレクタ電流は2倍にな

り，出力電圧は**図2-4**のようにひずんでしまいます.

● コレクタ電流は温度依存性をもつ

式(1-8)には温度 T が含まれています．よって I_C-V_{BE} 特性は**図2-5**のように温度に応じて変化します．

一般に，V_{BE} を固定すると，温度が1℃上昇するごとにコレクタ電流は約8%ずつ増加します．

V_{BE} を一定に保った状態で，温度 T_0 におけるコレクタ電流を $I_C(T_0)$ と表すと，温度 T におけるコレクタ電流 $I_C(T)$ は，

$$I_C(T) \fallingdotseq I_C(T_0) \times 1.08^{T-T_0} \cdots\cdots\cdots (2\text{-}1)$$

となります.

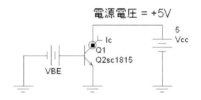

.MODEL Q2SC1815 NPN (IS=1.0E-14 BF=170
+ BR=3.6 VAF=100 IK=0.15
+ RB=50 TF=0.5N TR=20N
+ CJE=18P CJC=4.8P XTB=1.7)

(a) テスト回路

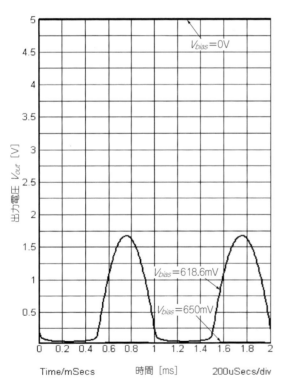

図2-4 飽和電流の値が異なると図1-3の回路は正常動作しない(シミュレーション結果)

図1-3でトランジスタの飽和電流 I_S を 0.02 pA としたときの出力波形

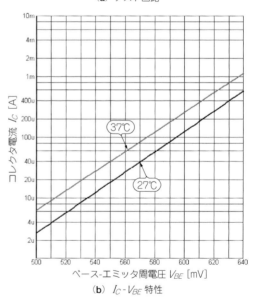

(b) I_C-V_{BE} 特性

図2-5 I_C-V_{BE} 特性は温度によって変化する(シミュレーション)

この式(2-1)を導きましょう．第1章では，エバース-モル・モデルから，コレクタ電流I_Cがエミッタ-ベース間電圧V_{BE}の指数関数で表現できることを知りました．

$$I_C = I_S\, e^{\frac{q}{kT}V_{BE}} \quad\text{···既出(1-8)}$$

第1章では飽和電流I_Sを定数と考えましたが，実はI_Sの値は，温度が1℃上がるごとに約16％ずつ増加します[8]．

一方，$e^{qV_{BE}/kT}$は，V_{BE}を固定したとき，温度が1℃上がるごとに約8％ずつ減少します．

したがって，コレクタ電流は，

16 − 8 = 8％/℃

の割合で温度とともに増加します．

▶増幅動作させているときのコレクタ電流の性質

増幅器としてトランジスタを使っているとき，すなわちトランジスタが活性領域で動作しているときは，第1章の式(1-9)と式(2-1)を一つにまとめて，以下の結論が得られます．

> 活性領域のコレクタ電流は温度TとV_{BE}の関数である．
> ● 温度が一定のとき，V_{BE}を1mV増やすごとにI_Cは約4％ずつ増える ［式(1-10)］
> ● V_{BE}を固定したとき，温度が1℃上昇するごとにI_Cは約8％ずつ増える ［式(2-1)］

▶温度とV_{BE}が同時に変化したときのコレクタ電流

温度が微小な値ΔT［℃］だけ増加し，さらにベース-エミッタ間電圧が微小な値ΔV_{BE}［V］だけ増加すると，上の特性により，コレクタ電流は次のように変化します．

$$\frac{\Delta I_C}{I_C} = 0.08\,\Delta T + 0.04\,\Delta V_{BE}/0.001 \quad\text{·····························}(2-2)$$

左辺の$\Delta I_C/I_C$は，コレクタ電流の変化率です．

2-5 コレクタ電流の動作点を安定にする

増幅器を作るには，この変化してしまうコレクタ電流をなんとか安定化しなければいけません．

コレクタ電流は，次の方法で安定化できます．

①負帰還をかける

②差動増幅回路を用いる

③ベース・バイアス電圧の温度補償を行う

本章では①について考察します．②と③は第4章以降で考えます．

「負帰還」という言葉については，第3章で説明します．本章では，コレクタ電流が安定化される，その動作を理解してください．

● エミッタに抵抗を入れる

結論を先に書くと，1石アンプのコレクタ電流は，エミッタとグラウンドの間に抵抗R_Eを加えた図2-6の回路で安定化できます．

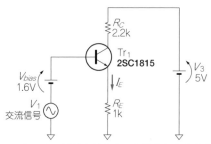

図2-6 エミッタに抵抗を挿入すると動作点を安定化できる

　バイアス電圧 V_{bias} は，抵抗 R_E に発生する電圧を考えて，1.2〜2.7 V ぐらいにします．**図2-6**では1.6 V にしています．

　なぜコレクタ電流が安定化できるかを考えましょう．

　話を簡単にするため，信号電圧はゼロとします．すると，キルヒホッフの法則により，

$$V_{bias} = V_{BE} + R_E I_E \cdots\cdots\cdots (2\text{-}3)$$

となります．I_E はエミッタ電流で，この方程式を I_E について解くと，

$$I_E = \frac{V_{bias} - V_{BE}}{R_E} \cdots\cdots\cdots (2\text{-}4)$$

が得られます．V_{BE} の正確な値はまだ不明ですが，大胆に 0.6 V と仮定して式(2-4)に代入すると，エミッタ電流は，

$$I_E = \frac{1.6 - 0.6}{1000} = 1\,\text{mA}$$

と求まります．簡単ですね．V_{BE} の値が少々ずれたとしても，この結果はほとんど変わりません．

　ただし，これは近似値です．もっと正確に動作点を計算して，どの程度安定化されたのかを数値で確認してみましょう．

● エミッタに抵抗があるときの動作点を求める

▶エミッタ電流とコレクタ電流はほぼ等しい

　トランジスタの端子電流 I_B，I_C，I_E の間には，つねに次の関係が成り立ちます．

$$\begin{cases} I_E = I_B + I_C \cdots\cdots\cdots (2\text{-}5) \\ I_C = h_{FE}I_B \cdots\cdots\cdots 既出(1\text{-}4) \end{cases}$$

したがって，

$$I_E = \frac{h_{FE} + 1}{h_{FE}} I_C = \left(1 + \frac{1}{h_{FE}}\right) I_C \cdots\cdots\cdots (2\text{-}6)$$

が導かれます．トランジスタが活性領域にあるとき，直流電流増幅率 h_{FE} の値は一般に 50〜1000 ぐらいあるので，式(2-6)の右辺括弧内の $1/h_{FE}$ は無視できて，

$$I_E \fallingdotseq I_C \cdots\cdots\cdots (2\text{-}7)$$

となります．

▶式(2-4)は直線で表すことができる

　活性領域では I_E と I_C がほとんど等しいので，式 (2-4) の I_E を I_C に置き換えることができます．

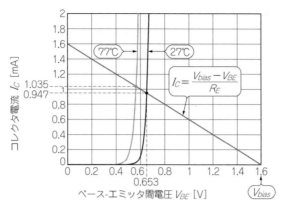

図2-7 動作点は I_C-V_{BE}特性を利用して求める

$$I_C = \frac{V_{bias} - V_{BE}}{R_E} \quad \cdots\cdots\cdots\cdots\cdots\cdots\cdots\cdots\cdots\cdots\cdots\cdots\cdots\cdots\cdots\cdots\cdots\cdots \text{(2-8)}$$

これは V_{BE} と I_C に関する1次式ですから，V_{BE} を横軸にとり，I_C を縦軸にとってグラフを描くと，**図2-7**の直線になります．

▶ I_C-V_{BE}特性に着目すれば動作点が求まる

式(2-8)には I_C と V_{BE}，二つの変数があるので，もう一つ方程式がないと解が得られません．

実は先の式(1-8)が，もう一つの方程式です．$T = 300.15\,\mathrm{K}\,(27℃)$ における飽和電流の値を $0.01\,\mathrm{pA}$ として式(1-8)をグラフに描くと，**図2-7**の曲線になります．

式(1-8)を示す曲線と，式(2-8)を示す直線との交点がコレクタ電流の動作点です．27℃における I_C は $0.947\,\mathrm{mA}$ で，V_{BE} は $0.653\,\mathrm{V}$ となっています．

● 安定になったかどうか確認してみる

温度が上がると，コレクタ電流が増えるのでエミッタ電流も増え，R_E の両端電圧 $R_E I_E$ が増加します．

図2-6から，ベース-エミッタ間電圧 V_{BE} は，

$$V_{BE} = V_{bias} - R_E I_E \quad \cdots\cdots\cdots\cdots\cdots\cdots\cdots\cdots\cdots\cdots\cdots\cdots\cdots\cdots\cdots\cdots \text{(2-9)}$$

ですから，$R_E I_E$ が増えると V_{BE} は減少します．

V_{BE} が減少すれば式(2-2)に従い，コレクタ電流が減少します．つまり，温度の上昇によって生じる I_C の増加は，V_{BE} の減少による I_C の減少によってほとんど相殺されます．

このコレクタ電流の変化が相殺される動作は，広い意味での負帰還にほかなりません．この負帰還は，エミッタ電流を検出して帰還するので電流帰還と呼ばれます．

コレクタ電流の変化率 $(\Delta I_C / I_C)$ は V_{BE} が固定されたとき約 $8\%/℃$ でした．エミッタ抵抗を加えると，電流帰還によって V_{BE} が減少するので，変化率は圧縮されます．すなわち，

$$\frac{\Delta I_C}{I_C} = \frac{8}{1 + q/kT\,(V_{bias} - V_{BE})} \fallingdotseq \frac{0.2}{V_{bias} - 0.6} \,[\%/℃] \quad \cdots\cdots\cdots\cdots\cdots\cdots \text{(2-10)}$$

となります．なぜこの式が成り立つかは，本章では説明を省きます．帰還量という概念を学んでから説明します．

▶温度安定度が格段に向上している

　図2-6のV_{bias}は1.6 Vですから，コレクタ電流の変化率は約0.2%/℃になります．

　したがって，温度が50 ℃上昇しても，コレクタ電流の増加は約10 %にとどまります．

　図2-7で確認しましょう．27℃におけるI_Cは0.947 mA，77℃におけるI_Cは1.035 mAで，両者の差は0.087 mAですから，コレクタ電流の変化率は，

$$\frac{0.087}{0.947} \fallingdotseq 9.2\%$$

です．ほぼ計算どおりといえます．

　これで，R_3の役割がわかったと思います．

2-6　ベース・バイアスを与える

　次に，バイアス電圧を与えていると紹介したR_1とR_2について見ていきましょう．

● V_{bias}は電源電圧から作るのが普通

　図2-6のバイアス電圧源V_{bias}は，両端がグラウンドから浮いています．

　このような電圧源は電池でも使わない限り実現が難しいので，実際は**図2-8**のようにR_1とR_2で電源電圧V_{CC}を分圧して，バイアス電圧を作ります．

▶ベース電流をゼロと仮定した簡易計算

　はっきりと求められないベース電流I_Bの値を仮にゼロと考えると，対グラウンドのベース電圧V_Bは，

$$V_B = \frac{R_1}{R_1 + R_2} V_{CC} = \frac{10}{10 + 22} \times 5 = 1.5625 \text{ V} \qquad \cdots\cdots (2\text{-}11)$$

となります．

● ベース電流の影響を考えた正確なバイアス電圧

　実際にはバイアス抵抗にベース電流I_Bが流れるため，ベース電圧は少し下がります．正確なベース電圧V_Bは次式となります．

$$V_B = \frac{R_1}{R_1 + R_2} V_{CC} - (R_1 /\!/ R_2) I_B \qquad \cdots\cdots (2\text{-}12)$$

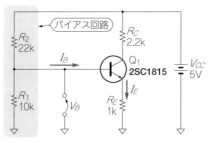

図2-8　バイアス回路の動作を考える

$R_1 /\!/ R_2$ は R_1 と R_2 の並列合成値を意味します［$R_1 /\!/ R_2 = R_1 \times R_2 / (R_1 + R_2)$］.

▶ベース電流の値を求める

　ベース電流とエミッタ電流の間には次の関係があります．これは式(2-5)および式(1-4)から導けます．

$$I_B = \frac{I_E}{1 + h_{FE}} \quad\text{...} \quad (2\text{-}13)$$

一方，エミッタ電流 I_E は次式で与えられます．

$$I_E = \frac{V_B - V_{BE}}{R_E} \quad\text{...} \quad (2\text{-}14)$$

式(2-12)，式(2-13)，式(2-14)を連立させて I_E について解くと，

$$I_E = \frac{\dfrac{R_1}{R_1 + R_2} V_{CC} - V_{BE}}{\dfrac{R_1 /\!/ R_2}{1 + h_{FE}} + R_E} \quad\text{..} \quad (2\text{-}15)$$

とエミッタ電流が求まります．ここで右辺の分子で，

$$\frac{R_1}{R_1 + R_2} V_{CC} = V_{bias} \quad\text{...} \quad (2\text{-}16)$$

とおくとします．すると式(2-15)は，式(2-4)の分母 R_E に $(R_1 /\!/ R_2)/(1 + h_{FE})$ を加えただけです．

　したがって，$(R_1 /\!/ R_2)/(1 + h_{FE})$ が R_E より十分に小さくなるように R_1 と R_2 の値を定めてやれば，式(2-4)による近似計算で十分です．

　具体的に言うと，$(R_1 /\!/ R_2)$ を R_E の10倍以下にしておけば，式(2-4)による近似計算で十分です．

2-7　安定化した動作点で増幅動作をさせる

　以上で，動作点を安定化できました．

　さて，信号については原理回路と同じ動作をしてくれないと困ります．それを実現するのが C_1 と C_2 です．

● 大容量コンデンサは電池に置き換えられる

　製作した図2-1の回路を見てください．図2-8の回路に C_1 と C_2 を追加しただけです．コンデンサには直流電流は流れないので，直流動作点は図2-8の回路とまったく同じです．

　図2-1の回路に交流信号を入力すると，C_1 と C_2 に交流電流が流れます．C_1 や C_2 のインピーダンス（交流抵抗）は十分に低いので，C_1 の両端電圧も C_2 の両端電圧もほとんど変化しません．つまり，大容量のコンデンサは，交流信号に対しては電池のように働きます．

　したがって，交流信号に関する限りは，図2-1の回路は図2-9の回路と同等です．C_1 がグラウンドから浮いた電圧源 V_{bias} に見えることがわかります．

2-8 増幅能力を数値化してみよう

　この回路はどの程度の増幅能力をもつのでしょうか．増幅器としての能力を示すゲインを数値で求められないと，能力を見積もることができません．

● 非線形回路を線形回路として解析する

　第1章の図1-8に示したように，エミッタ共通回路の入力電圧と出力電圧の関係は非線形です．非線形とは，正弦波を入力したとき出力が正弦波にならないような入出力関係を指します．

　しかし，回路各部の電圧や電流の変化が小さいときは，非線形の回路も線形回路とみなすことができ，解析が容易になります．これを小信号解析と言います．

▶微小信号だけを考えれば線形な等価回路が作れる

　増幅器のゲインを求める場合は，小信号等価回路と呼ばれるモデルを使い，各部の電圧や電流の，動作点からの微小変化分を考察します．

　図2-1のアンプの小信号等価回路を導きましょう．

● 小信号等価回路の作りかた

▶［ステップ1］コンデンサを消す

　大容量のコンデンサを電池とみなし，図2-9の回路に変形します．

▶［ステップ2］電圧源/電流源を消す

　小信号等価回路は，電圧や電流の動作点からの変化分だけを考えます．

　図2-9には，3個の直流電圧源がありますが，直流電圧の変動はゼロですから，直流電圧源はすべて短絡除去（ショート）します．すると，図2-10(a)の小信号等価回路が得られます．

　なお，図2-9にはありませんが，もし直流電流源があれば，直流電流源は開放除去（オープン）します．

▶［ステップ3］トランジスタを線形表現する

　図2-10(a)の等価回路を図2-10(b)の等価回路とみなします．

　ベース-エミッタ間は非線形特性のダイオードですが，ベース電流の変化が小さいときには，ベース電流の微小変化分 ΔI_B は，ベース-エミッタ間電圧の微小変化分 ΔV_{BE} に比例するとみなせます．

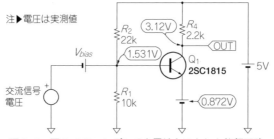

図2-9　図2-1のコンデンサを電池とみなした等価回路

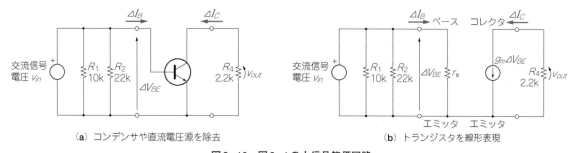

（a）コンデンサや直流電圧源を除去　　　　　（b）トランジスタを線形表現

図2-10　図2-1の小信号等価回路
ゲインを求めるために回路を単純な形に変形していく

　そこで，ベース-エミッタ間は，**図2-10(b)**のベース-エミッタ間抵抗r_πに置き換えられます．

　次に，コレクタ電流をΔV_{BE}で表現します．一般に（出力電流/入力電圧）を「相互コンダクタンス」，「伝達コンダクタンス」，「伝達アドミタンス」などと呼び，g_mという記号で表します．

　図2-10の等価回路では，ΔV_{BE}が入力電圧で，ΔI_Cが出力電流です．したがって，

$$\Delta I_C = g_m \Delta V_{BE}$$

と表せます．そこで，**図2-10(b)**のコレクタ-エミッタ間に従属電流源$g_m \Delta V_{BE}$が入ります．

　トランジスタのg_mの値は，「V_{BE}が1 mV増加するとI_Cは約4％増加する」という第1章で解説したトランジスタの基本特性から簡単に計算できます．すなわち，

$$\frac{\Delta I_C}{I_C} = 0.04 \times \frac{\Delta V_{BE}}{0.001} \cdots\cdots\cdots (2\text{-}17)$$

の両辺にI_Cをかけると，

$$\Delta I_C = 0.04 \times \frac{\Delta V_{BE}}{0.001} I_C$$

が得られ，この式の両辺をΔV_{BE}で割ると，

$$g_m \equiv \frac{\Delta I_C}{\Delta V_{BE}} = 40 I_C \cdots\cdots\cdots (2\text{-}18)$$

が得られます．I_Cは動作点のコレクタ（直流）電流です．g_mの正確な値は，式(1-8)をV_{BE}で微分し，次のように求まります．

$$g_m = \frac{q}{kT} I_C \cdots\cdots\cdots (2\text{-}19)$$

q/kTは，$T = 290\,\text{K}$において40になります．

● 小信号等価回路からゲインを計算する

　図2-1のアンプのゲインA_Vを計算しましょう．**図2-10(b)**の等価回路から，

$$A_V = \frac{v_{out}}{v_{in}} = \frac{-\Delta I_C R_4}{v_{in}} = \frac{-g_m \Delta V_{BE} R_4}{v_{in}} = -g_m R_4 \cdots\cdots\cdots (2\text{-}20)$$

$g_m = 40 I_C = 40 \times 0.87 \times 10^{-3}$，$R_4 = 2.2 \times 10^3$を式(2-20)に代入し，$A_V = -76$倍と算出されます．

　では，実際に製作したアンプがこれだけのゲインをもっているか，測ってみましょう．

2-9 1石アンプの特性を調べる

プロローグで述べたように，パソコンのサウンド・デバイスを利用して，アンプ出力波形を観測し，周波数特性やひずみ率などを測定します．

サウンド・デバイスについては，Appendix A を参照してください．

ただし，必要に応じて一般の測定器（ひずみ率測定セットと周波数特性測定セット）で採取したデータも示します．

● アンプとサウンド・デバイスを接続する

図2-1の1石アンプとサウンド・デバイスを，図2-11のように結線します．

ジャックの端子は，プラグ付きケーブルを接続してテスタで調べると楽です（**写真2-3**）．

LineOut出力レベルはWaveGeneで可変できますが，レベルを下げると雑音が増えます．

そこで，WaveGeneはつねに最大レベル（0 dB）にセットしておき，外付けの10 kΩと2 kΩの可変抵抗器（ボリューム）でレベルを落とすことにします．

● 1石アンプ各部の電圧を測定して動作をチェック

電源電圧を与え，DC電圧計で，無信号時のベースDC電圧，エミッタDC電圧，コレクタDC電圧，

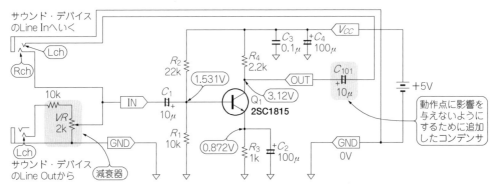

図2-11　図2-1の1石アンプとサウンド・デバイスを接続する

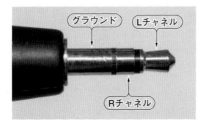

写真2-3　ステレオ・ミニプラグの端子割り当て

エミッタ共通回路の名前の由来

図2-10の小信号等価回路において，エミッタは入力端子にも出力端子にもつながっています．

すなわち，エミッタは入力と出力の共通端子（common）になっているので，「エミッタ共通回路」と呼びます．「エミッタ接地回路」とも呼びます．

一般に入力端子と出力端子の合計は4個ですが，トランジスタは3端子なので，トランジスタのどれか一つの端子は，入力と出力で共通になります．

もしベースが共通ならば「ベース共通（接地）回路」と言い，コレクタが共通ならば「コレクタ共通（接地）回路」と言います．

コレクタ共通回路の例を図2-A(a)に示します．

一見すると，コレクタは入出力の共通端子（グラウンド）になっていません．

しかし，小信号等価回路では，直流電圧源と大容量コンデンサを短絡と見なすので，除去されて図2-A(b)のようにコレクタは入出力の共通端子になります．

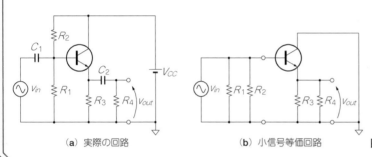

(a) 実際の回路   (b) 小信号等価回路   図2-A　コレクタ共通回路の例

電源電圧を測定します．すべてグラウンドからの電圧を計測します．

必ず入力インピーダンスが1 MΩ以上のDC電圧計を使ってください．**図2-1**と**図2-11**に記した電圧は，入力インピーダンス1 MΩのディジタル・テスタによる測定値です．

V_{CC}が5 Vでない場合，ベース電圧がV_{CC}の約1/3 ぐらいならば正常です．エミッタ電圧はベース電圧より0.65 V ぐらい低下します．コレクタ-エミッタ間電圧が2 V程度以上あることを確認してください．

● **出力電圧波形をサウンド・デバイスで観測する**

WaveSpectraを測定モードにし，WaveGeneとともにRUNして，出力電圧波形を観測します．

図2-11の2 kΩ *VR*を調整し，WaveSpectraで観測できる信号レベルをフルスケールの−10 dBぐらいにセットしてください．

もし，波形が著しくひずんでいる場合は，レベルを下げます．

● **1石アンプのひずみを測定する**

［ポーズ］ボタンまたは［ストップ］ボタンをクリックすると，**図2-12**のように*THD*（全高調波ひずみ）が表示されます．このときの*THD*は約4.1％でした．

図2-13はひずみ率計で測定した*THD* + *N*です．あまり良くないように思えますが，1石エミッタ共通回路のひずみ率はこの程度です．

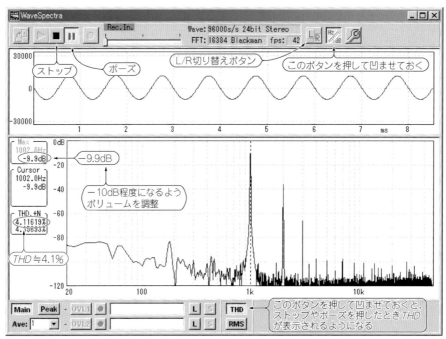

図2-12　1石アンプの出力電圧波形とそのFFT解析(パソコンによる測定)
全高調波ひずみ率は4.1%と測定されている

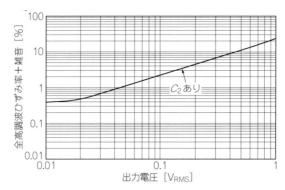

図2-13　1石アンプのひずみ率特性(ひずみ率測定セットによる実測)
あまり良くない

　ただし，C_2を除去すると，ひずみ率はぐっと下がります．直流だけでなく交流信号に対しても負帰還がかかるためです．ただし，ゲインは小さくなります．

● 1石アンプのゲインを測定する

　次に，WaveSpectraの［Lch/Rch］切り替えボタンをクリックしてください．1石アンプの入力電圧が表示されます．レベルが低いので波形は直線に見えますが，FFT解析はきちんとできています(**図2-14**)．

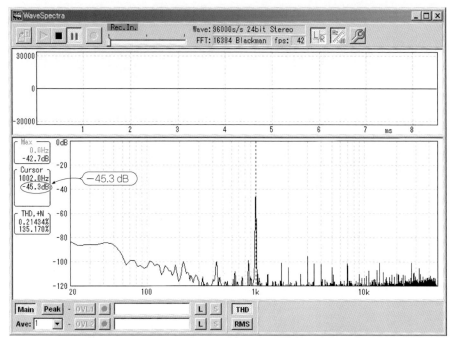

図2-14　1石アンプの入力電圧波形とそのFFT解析(パソコンによる測定)
出力波形の振幅と比較すればゲインが求められる

　なお，縦軸の倍率を×20にすれば，波形を見ることもできます．

　FFT表示画面の1kHzスペクトラムをクリックするとカーソルが現れ，1kHz成分（表示では「1002.0 Hz」）のレベルが表示されます．レベルは－45.3 dBでした．

　なお，FFT表示画面の「Max：0.0 Hz，－42.7 dB」は，サウンド・デバイス内蔵A-DコンバータのDCオフセット電圧です．

▶入出力の測定結果から電圧ゲインを求める

　1石アンプへの入力レベルは－45.3 dBで，1石アンプの出力レベルは－9.9 dB（**図2-12**）ですから，1石アンプの電圧ゲインG［dB］は，

$$G = -9.9 - (-45.3) = 35.4 \text{ dB}$$

と求まります．倍率で表したゲインA［倍］は，

$$A = 10^{35.4/20} \fallingdotseq 59 \text{ 倍}$$

です．

　小信号等価回路を用いて計算した電圧ゲインは76倍でした．測定値は計算値とかなり違います．その原因は，サウンド・デバイスの入力インピーダンスの影響と推定されます．詳細は次章で説明します．

● 1石アンプの周波数特性を測定する

　WaveGeneの信号をホワイト・ノイズに変更します．そして，WaveSpectraでFFTのスペクトラム・データを平均化することにより，周波数特性を求められます（**図2-15**）．

　具体的には，**図2-15**の左下にある「Ave：」に平均回数として1000を書き込み，それから窪んで

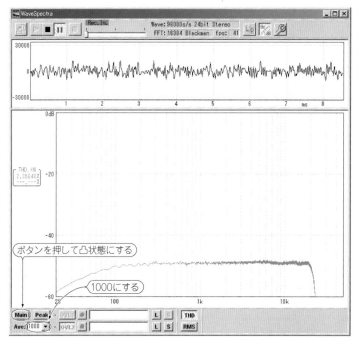

図2-15 1石アンプの周波数特性をホワイト・ノイズで測る（パソコンによる測定）
低域特性のあまり良くないことがわかる．高域が落ちているのはサウンド・デバイスの特性

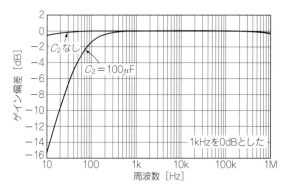

図2-16 1石アンプの周波数特性（周波数特性測定セットによる実測）
実際の高域特性は優秀だ

いる［Main］ボタンをクリックして，Main（平均化しないスペクトラム）の表示を消します．

　図2-15を見ると，低域ゲインは100 Hz辺りから低下しています．これはC_2の影響です．

　C_2のインピーダンスが増大する低域では，負帰還がかかってしまい，ゲインが低下します．

　C_2を除去する（**図2-2**のジャンパJ_4をはずす）と，かなり平坦な周波数特性になります（**図2-16**）．

　図2-15では，高域の周波数特性が20 kHzから急峻に落ちていますが，これはサウンド・デバイスの周波数特性の影響で，1石アンプの特性とは無関係です．1石アンプの高域周波数特性は，かなり優秀です（**図2-16**）．

ひずみ率の定義

ひずみ率は，回路がどれほど入力信号の形を保ったまま出力できるかを示す指標です.

ひずみ率は，いろいろな種類がありますが，本書でいうひずみ率は「全高調波ひずみ率（THD, Total Harmonic Distortion）」のことです.

回路に正弦波を入力すると，出力に入力と同じ周波数の正弦波が現れます．これを「基本波」といいます.

もし回路が完全にリニアならば，出力には基本波の他に何も現れません．しかし，完全にリニアな回路はありえないので，実際には基本波の他に基本波の整数倍の周波数の正弦波が出現（重畳）します.

基本波の2倍の周波数の正弦波を「第2次高調波」，3倍の周波数の正弦波を「第3次高調波」，以下同様に4次，5次…といいます.

図2-12のFFT解析画面を見てください．1 kHz，2 kHz，3 kHz，…のスペクトラムが見えます．つまり，**図2-12**の場合は1 kHz成分が基本波で，2 kHz成分が「第2次高調波」，3 kHz成分が「第3次高調波」，…です.

ここで，基本波成分の振幅 H_1 と第2次高調波成分の振幅 H_2 の比を「第2次高調波ひずみ率 D_2」といいます.

$$D_2 = H_2/H_1$$

一般にひずみ率は%で表すので，上式の D_2 に100をかけたものが第2次高調波ひずみ率です.

同様に，第3次高調波ひずみ率 D_3 は次式で定義されます.

$$D_3 = H_3/H_1$$

以下同様に，n次高調波ひずみ率が定義されます．そして，次式で定義されるひずみ率を「全高調波ひずみ率 THD」と言います.

$$THD = \sqrt{D_2{}^2 + D_3{}^2 + \cdots + D_n{}^2}$$

実際には n は10ぐらいで打ち切るのが一般的です.

THD も%で表すので，実際には上式で計算した値の100倍になります.

第2章のまとめ

(1) どんな回路でも，$I_E = I_B + I_C$

(2) 増幅回路で使う活性領域では，$I_E \fallingdotseq I_C$

(3) V_{BE} を固定したとき，コレクタ電流は約8%/℃の割合で温度とともに増加する

(4) エミッタ共通回路のエミッタに抵抗を挿入すると，電流帰還がかかり，コレクタ電流の変化率はおよそ，

$$\frac{0.2}{V_{bias} - 0.6} \ [\%/℃]$$

となる

(5) トランジスタが活性領域で動作しているときは，$V_{BE} = 0.6\ V$，$I_B = 0$ として動作点を概算できる

(6) 大容量のコンデンサは，交流信号に対して電池のように働く

(7) 小信号等価回路は，電圧や電流の動作点からの変化ぶんだけを考える

(8) 小信号等価回路の（出力電流/入力電圧）を相互コンダクタンス g_m という

第3章 入力信号の波形を崩さずに増幅できる

ひずみを小さくした 2石アンプ

第2章の1石アンプは，数十倍のゲインが得られるものの，ひずみ率はあまり良いとはいえませんでした．

本章ではひずみ率を改善した2石アンプを作ります．

3-1 2石アンプの製作

2石アンプの回路図を**図3-1**に示します．

取り付ける部品を**表3-1**に，取り付けが終わり完成した2石アンプ(実験用プリント基板を使用)の外観を**写真3-1**に示します．

図3-1の回路ではR_3とR_7が直列に，R_2とR_8が並列になっています．これは，基板に差し込んだ抵抗を外すことがないように，ほかの章のアンプに使う抵抗を利用したためで，本来は1本の抵抗でかまいません．

● 作業手順

完成時の部品の実装を**図3-2**に示します．

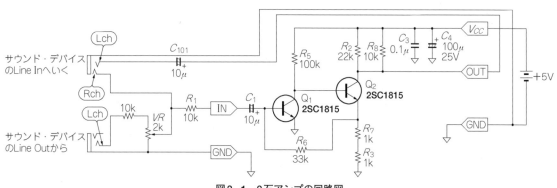

図3-1　2石アンプの回路図

写真3-1　完成した2石アンプの外観

表3-1　1石アンプを2石アンプに改造するために追加する部品

記号	値など	タイプ	取り付け状態
R_5	100 kΩ	1/4 W J級　炭素皮膜(黒茶黄金)	基板に挿入
R_7	1 kΩ	1/4 W J級　炭素皮膜(茶黒赤金)	基板に挿入
R_8	10 kΩ	1/4 W J級　炭素皮膜(茶黒橙金)	基板に挿入
Q_2	2SC1815	小信号 NPN 型トランジスタ	基板に挿入
R_6	33 kΩ	1/4 W J級　炭素皮膜(橙橙金金)	基板裏で配線
R_1	10 kΩ	1/4 W J級　炭素皮膜(茶黒黄金)	ピン・ソケットにはんだ付け
J_6		ジャンパ・ピン	ピン・ヘッダに装着
J_7		ジャンパ・ピン	J_7 のピン・ヘッダに装着
J_8		皮覆撚り線	基板裏で配線
J_9		皮覆撚り線	基板裏で配線
J_{10}		皮覆撚り線	基板裏で配線
J_{11}		皮覆撚り線	基板裏で配線

▶ ピン・ソケットの R_1 と基板裏のジャンパを外す

　1石アンプの R_1 とジャンパ J_3～J_5 を除去します．基板裏面に配線があるとほかの部品を取り付けにくいので，ジャンパを先に外します．

▶ 基板に挿入する部品の取り付け

　トランジスタ Q_2，抵抗 R_5，R_7，R_8 を基板に挿入してはんだ付けします．

▶ 後で外す R_6 と R_1 の取り付け

　R_6 は基板裏面で空中配線します．R_1 = 10 kΩ を基板ソケットのIN端子に付けます．

　R_6 と R_1 は2石アンプの測定が済んだら外します．

▶ ジャンパ線の接続

　J_8～J_{11} は，φ0.3塩化ビニル被覆撚り線を基板裏面ではんだ付けします．これらも2石アンプの測定が済んだら外します．

▶ ジャンパ・ピンの変更

　1石アンプの J_1 と J_2 のジャンパ・ピンを抜き，**図3-2**の J_6，J_7 をショートするように挿します．

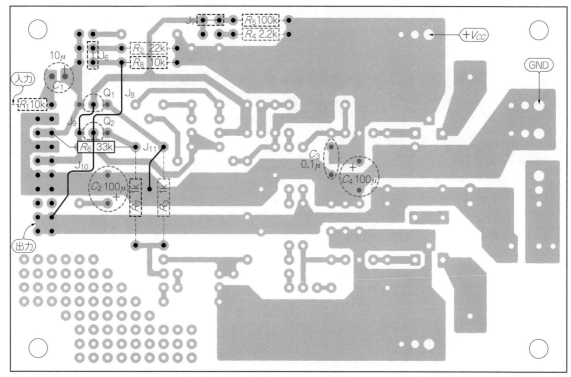

図3-2　基板裏面から見た2石アンプの部品配置(裏から見た状態)

3-2　1石アンプのひずみを改善したい

　第2章図2-1の1石アンプのひずみ特性は，**図3-3**に示すように良くありません．これを改善する方法はあるのでしょうか．

● C_2 を除去して信号に対しても R_3 を働かせる

　エミッタ-グラウンド間の C_2 を除去すると，動作点を安定化した R_3 が交流信号に対しても働き，ゲインが下がるかわりにひずみが減ります(**図3-3**)．このときゲイン A［倍］は近似的に，

$$A \fallingdotseq -\frac{R_4}{R_3} = -\frac{2.2\,\mathrm{k}}{1\,\mathrm{k}} = -2.2 \cdots\cdots\cdots\cdots\cdots\cdots\cdots\cdots\cdots\cdots\cdots\cdots\cdots\cdots\cdots\cdots\cdots (3\text{-}1)$$

となります．C_2 があるときのゲインは，第2章の式(2-20)で－76倍と計算されていたので，ずいぶんとゲインが小さくなったことがわかります．

● ゲインの低下と引き換えに特性を改善できる

　このように，ゲインの低下と引き換えにひずみ率や周波数特性を改善する技術が負帰還です．理論的

な解説は第6章で行います.

　この結果からわかるように，1石では高ゲインと低ひずみを両立できません．負帰還をかけるまえの
ゲイン(オープン・ループ・ゲインという)が小さいからです.

負帰還で特性を改善するためには
大きなゲインが必要

● トランジスタ2個で大きなゲインを得る

　負帰還をかけたあとでも高ゲインにするためには，もっと大きなオープン・ループ・ゲインが必要です.

　そこで，図3-4のようにエミッタ共通回路を2段重ねてオープン・ループ・ゲインを大幅に増やした
うえで，2段目のコレクタから初段のエミッタに負帰還をかける回路が1960年頃に登場しました.

　負帰還により，周波数特性も改善されます．第2章図2-23の，C_2ありの周波数特性と比べ，ゲイン
が3dB低下する周波数(低域遮断周波数)が1桁ほど低くなっています(図3-5).

● 設計や解析のしにくい回路はすたれていく

　一口に負帰還といっても，いろいろなものがあります．トランジスタを組み合わせて作る回路に使わ
れる負帰還は，OPアンプの教科書に載っている典型的な負帰還もありますが，おいそれとは見抜けな

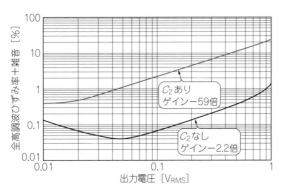

図3-3　1石アンプのひずみ率(ひずみ率測定セットによる実測)
C_2なしにするとひずみが減るがゲインが小さくなる

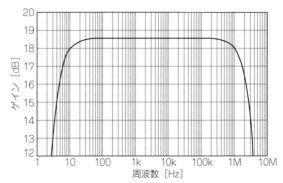

図3-5　図3-4のアンプの周波数特性(シミュレーション)
1石アンプに比較して低域特性が改善されている

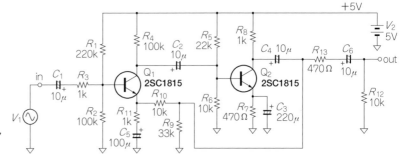

図3-4　特性は良いが設計が難しい負帰還アンプの例

いトリックのような負帰還もあります. **図3-4**の回路も巧妙な裏技が隠れています.

しかし, トリック的な技術は伝承が困難です. 回路を設計した技術者がいなくなれば, だれも動作が理解できません. そこで, 簡単な公式に従えば, 簡単に負帰還を利用した設計ができる増幅器, すなわちOPアンプが普及することになるのです.

3-4 負帰還をかけやすい回路を作るテクニック…直結

「どうしたら大量の負帰還を安定にかけることができるか?」というのが, 当時のエンジニアの最大の関心事でした. そのために彼らが採用した手段が「直結」という技です.

● 信号経路の*C*をなくすと負帰還をかけやすくなる

図3-4のC_2, C_3, C_4の値が不適当だと, 負帰還が正常に働かず, 動作が不安定になることがあります.

また, これらのコンデンサは大容量なので, アルミ電解コンデンサを使わざるをえません. しかし, アルミ電解コンデンサは, 寿命が短い, 特性が温度や時間経過で変化するなどの弱点があります.

そこで, C_2を省いてQ_2のベースをQ_1のコレクタに直接つなぐ「直結方式」が1960年代に台頭しました.

● 直結アンプの具体的な例

典型的な直結アンプを**図3-6**に示します.

① Q_2のエミッタからQ_1のベースに戻る負帰還で動作点を安定化

② Q_2のコレクタからQ_1のエミッタに戻る負帰還でひずみを低減かつ周波数特性を整える

という特徴があります. この回路はPNP型トランジスタの価格が下がり, 第4章で紹介するようなPNPとNPNを組み合わせた回路が普及するまで, オーディオ・アンプなどによく使われました.

● さらに回路をシンプル化してわかりやすくする

図3-6の直結方式は, **図3-4**の2石アンプに比べて回路がすっきりしていますが, 上記のように2種類の負帰還がかかっているので設計は困難です.

本章で製作する2石アンプ(**図3-1**)は複雑さを避けるために②の負帰還を省いています.

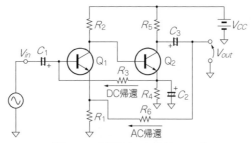

図3-6 典型的な2石直結アンプ

● $I_B = 0$ A，$V_{BE} = 0.6$ V と仮定して計算を繰り返す

図3-1の $R_3 + R_7$ を R_E と表し，$R_2 /\!/ R_8$ を R_C と表すことにします（図3-7）.

この回路を見ても，動作点がどのように定まるか見当がつきにくいでしょう．そんなときは反復計算法を使います，

最初は第2章で学んだ $I_B = 0$ A，$V_{BE} = 0.6$ V を利用して概算値を求めます．すると，最初に仮定した I_B や V_{BE} が求められるので，また同じ計算を繰り返す…というものです．

最初に仮定した値が後から出てくることを不思議に思われるかもしれません．負帰還がかかっているのでこの方法が使えます．詳しくは第6章を参照してください．

● 1回目の計算

まず Q_1 と Q_2 の V_{BE} をそれぞれ 0.6 V とします．

つぎに，Q_1 と Q_2 のどちらに注目したらよいかを考えます．

仮に Q_2 の V_{BE} に着目したとすると，周りの電圧や電流がすべて不定で，次の手が打てません．

そこで方針を変え，エミッタが 0 V とわかっている Q_1 の V_{BE} から出発すると，解析できます（図3-7）.

① $V_{BE1} = 0.6$ V，R_6 に流れる電流はゼロ
② Q_2 のエミッタ抵抗 R_E の両端電圧 $V_1 = 0.6$ V
③ Q_2 のエミッタ電流 $I_{E2} = 0.6 / R_E = 0.3$ mA
④ Q_2 の対グラウンドのベース電圧 V_2 は，
$$V_2 = V_1 + V_{BE2} = 0.6\ \text{V} + 0.6\ \text{V} = 1.2\ \text{V}$$
⑤ R_5 に流れる電流 $I_{R5} = (V_{CC} - 1.2) / R_5 = 38\ \mu\text{A}$

● 最初に使った V_{BE1} の値が求められる

R_5 に流れる電流 $38\ \mu\text{A}$ の一部は Q_2 のベース電流 I_{B2} になり，残りが Q_1 のコレクタ電流 I_{C1} になります．ここでトランジスタの h_{FE} を170とすると，

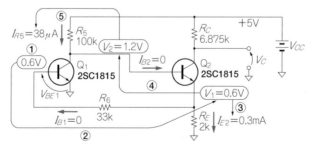

図3-7　2石アンプの直流動作点の解析の流れ
まず $V_{BE} = 0.6$ V と $I_B = 0$ として考え，反復計算する

$$I_{B2} = \frac{I_{E2}}{1 + h_{FE}} = \frac{0.3 \text{ mA}}{171} \fallingdotseq 1.8 \ \mu\text{A}$$

よって，$I_{C1} \fallingdotseq 38 - 1.8 = 36.2 \ \mu\text{A}$ です.

I_{C1} の正確な値がわかったので，第1章の式(1-9)を用いて，Q_1 のベース-エミッタ間電圧 V_{BE1} を計算できます.

$$V_{BE1} = \frac{kT}{q} \ln\left(\frac{I_{C1}}{I_S}\right) \fallingdotseq 25.87 \text{ mV} \times \ln\left(\frac{36.2 \times 10^{-6}}{1 \times 10^{-14}}\right) \fallingdotseq 0.569 \text{ V} \quad \cdots \cdots \cdots (3-2)$$

ただし，$k = 1.38065 \times 10^{-23} \text{ J/K}$，$T = 300.15 \text{ K} (27 ℃)$，$q = 1.60217 \times 10^{-19} \text{ C}$

● 2回目の計算

Q_2 のコレクタ電流 I_{C2} は，

$$I_{C2} = \frac{h_{FE}}{1 + h_{FE}} I_{E2} \fallingdotseq \frac{170}{171} \frac{V_{BE1} + R_6 \, I_{B1}}{R_E} \quad \cdots \cdots \cdots \cdots \cdots \cdots \cdots \cdots \cdots \cdots (3-3)$$

ここで Q_1 のベース電流 I_{B1} は，I_{C1} から，

$$I_{B1} = \frac{I_{C1}}{h_{FE}} = \frac{36.2 \times 10^{-6}}{170} \fallingdotseq 0.22 \ \mu\text{A} \quad \cdots \cdots \cdots \cdots \cdots \cdots \cdots \cdots \cdots \cdots \cdots (3-4)$$

よって，

$$I_{C2} \fallingdotseq \frac{170}{171} \frac{0.569 + 33 \times 10^3 \times 0.22 \times 10^{-6}}{2000} \fallingdotseq 0.286 \text{ mA} \quad \cdots \cdots \cdots \cdots (3-5)$$

Q_2 の対グラウンドのコレクタ電圧 V_C は，

$$V_C = V_{CC} - R_C \, I_{C2} \fallingdotseq 5 - 6.875 \times 0.286 \fallingdotseq 3.03 \text{ V} \quad \cdots \cdots \cdots \cdots \cdots (3-6)$$

SPICE シミュレーションで求めた値は，

$$V_{BE1} = 569.228 \text{ mV}, \quad V_C = 3.02911 \text{ V}$$

です．2回の反復計算で十分な精度に到達するのがわかります.

3-6 2石アンプの動作点の安定度を検討する

ベース電圧の動作点

● 計算値と実測値に大きく差がある

入力インピーダンス1 MΩのディジタル・テスタで Q_1 の V_{BE} と Q_2 のコレクタ電圧 V_C を測定したところ，次の値が得られました.

$$V_{BE1} = 592 \text{ mV}, \quad V_C = 2.98 \text{ V}$$

ただし，$V_{CC} = 5.05 \text{ V}$，室温 $= 12 ℃$

V_{BE1} の実測値592 mVは，計算値569 mVより23 mV高くなっています.

第1章の1石アンプでは，わずか30 mV強の V_{BE} の違いで，動作しなくなっていました．V_{BE} の23 mVの違いは無視できません.

● I_C一定のとき V_{BE}は1℃につき－2mV変化する

この計算値と実測値がずれる主な原因は，V_{BE}が温度に依存して変化するためです．第2章の式(2-2)，

$$\frac{\Delta I_C}{I_C} = 0.08\Delta T + 0.04(\Delta V_{BE}/0.001) \quad\text{·····························既出(2-2)}$$

を思い出してください．この式の意味は，

> コレクタ電流は温度TとV_{BE}の関数
>
> 温度Tが1℃上昇するとコレクタ電流は8％増加
>
> V_{BE}が1mV増加するとコレクタ電流は4％増加

でした．

コレクタ電流はあきらかに従属変数ですが，もし何らかの方法でコレクタ電流を一定に保つことができたならば，とても有用な結論が導かれます．

すなわち，コレクタ電流が一定ならば，ΔI_Cはゼロですから，式(2-2)の左辺はゼロになり，

$$0 = 0.08\Delta T + 0.04(\Delta V_{BE}/0.001) \quad\text{··(3-7)}$$

が成り立ちます．よって次式が導かれます．

$$\frac{\Delta V_{BE}}{\Delta T} = -0.002 \text{ V/℃} \quad\text{···(3-8)}$$

式(3-8)の意味は，もし何らかの方法によってコレクタ電流を一定に保つならば，1℃の温度上昇に対してV_{BE}は2mV低下する，ということです．

トランジスタのこの性質は，第2章図2-5(b)からも読み取れます．

図2-5(b)においてコレクタ電流を36μAに固定すると，27℃におけるV_{BE}は569mVになり，37℃におけるV_{BE}は549mVになります．10℃の温度上昇に対して，V_{BE}は20mV低下しています．

コレクタ電流の動作点

図3-1のQ_1のコレクタ電流I_{C1}は，R_5を流れる電流にほぼ等しく，この電流は温度が変化してもあまり変わりません．よって，Q_1に対して式(3-8)を適用することができて，V_{BE1}は－2mV/℃で変化することになります．

次にQ_2のコレクタ電流の変化を考えましょう．図3-1や図3-7のR_6両端電圧である$R_6 I_{B1}$は，計算値が約7mV，実測値は5.5mVです．よって，式(3-3)において$R_6 I_{B1}$を無視することができて，Q_2のコレクタ電流I_{C2}は，

$$I_{C2} \fallingdotseq I_{E2} = \frac{V_{BE1}}{R_E} \quad\text{···(3-9)}$$

となります．つまりI_{C2}はV_{BE1}に比例します．よって，温度上昇に起因するI_{C2}の変化率は，V_{BE1}の変化率に等しくなります．

ここで，V_{BE}の温度変化率$(\Delta V_{BE}/V_{BE})/\Delta T$は，式(3-8)を用いると，次のように計算できます．

$$\frac{\Delta V_{BE1}/V_{BE1}}{\Delta T} = \frac{\Delta V_{BE1}/\Delta T}{V_{BE1}} \fallingdotseq \frac{-0.002}{0.6} = -0.003 \times 100 \text{ \%/℃} \quad\text{···················(3-10)}$$

すなわち，温度が1℃上昇するとV_{BE1}は約0.3％低下します．よって，I_{C2}も－0.3％/℃で変化します．

3-7 2石アンプの入出力ゲインを計算する

ここでいうゲインは，入力電圧に対する出力電圧の増幅率のことです．

負帰還をかけたアンプの場合，負帰還をかけたあとのゲインという意味でクローズド・ループ・ゲインと呼ばれるゲインになります．

第2章同様，小信号等価回路で計算します．

トランジスタを第2章と同様な等価回路におきかえて計算すると正確なのですが，計算が大変です．そこで簡易的に求めてしまいましょう．

● Q_1 をOPアンプに置き換えたシンプルな等価回路を作る

図3-7のQ_1は，V_{BE1}という入力オフセット電圧とI_{B1}という入力バイアス電流をもつOPアンプと解釈することもできます（**図3-8**）．

この**図3-8**の等価回路に$R_1 = 10\,\mathrm{k\Omega}$と$C_1 = 10\,\mu\mathrm{F}$を追加すると，**図3-9**（a）の等価回路になります．

小信号等価回路を導くため，電圧源V_{BE1}，V_{CC}，大容量コンデンサC_1を短絡除去，電流源I_{B1}を開放除去すると，**図3-9**（b）の小信号等価回路が得られます．

Q_2のコレクタ抵抗R_Cを短絡除去しても，エミッタの対グラウンド電圧は変化しません．そこでR_Cを短絡除去すると，Q_2はエミッタ・フォロワ（詳細は第5章）という，ゲインが約1倍のアンプとみなせます．

よって**図3-9**の等価回路のv_{in}からv_{em}へは，OPアンプの反転増幅器と考えることができ，次式が成

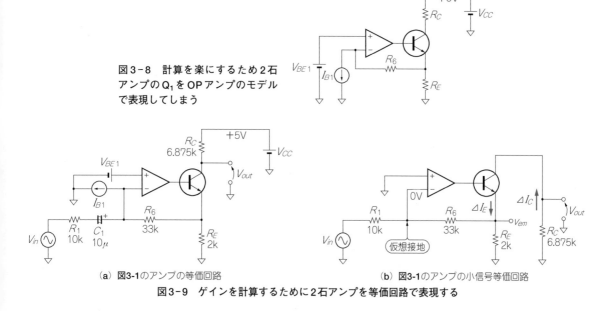

図3-8 計算を楽にするため2石アンプのQ_1をOPアンプのモデルで表現してしまう

（a）図3-1のアンプの等価回路

（b）図3-1のアンプの小信号等価回路

図3-9 ゲインを計算するために2石アンプを等価回路で表現する

り立ちます.

$$v_{em} = -\frac{R_6}{R_1} v_{in} \quad \cdots\cdots\cdots\cdots\cdots\cdots\cdots\cdots\cdots\cdots\cdots\cdots\cdots\cdots\cdots\cdots\cdots\cdots (3\text{-}11)$$

$$\Delta I_E = \frac{v_{em}}{R_6 /\!/ R_E} \quad \cdots\cdots\cdots\cdots\cdots\cdots\cdots\cdots\cdots\cdots\cdots\cdots\cdots\cdots\cdots\cdots (3\text{-}12)$$

ここで，短絡除去したR_Cを元に戻すと，

$$v_{out} = -\Delta I_C R_C \fallingdotseq -\Delta I_E R_C \quad \cdots\cdots\cdots\cdots\cdots\cdots\cdots\cdots\cdots\cdots\cdots\cdots (3\text{-}13)$$

連立方程式（3-11）〜（3-13）を解くと，クローズド・ループ・ゲインA_Cが求められます.

$$A_C = \frac{v_{out}}{v_{in}} = \frac{R_6}{R_1} \frac{R_C}{R_6 /\!/ R_E} \fallingdotseq \frac{33}{10} \times \frac{6.875}{1.885} = 12.0\,\text{倍} \quad \cdots\cdots\cdots (3\text{-}14)$$

3-8 2石アンプの特性を調べる

ゲイン特性

● 測定値と計算値に差がある

ゲインが求められたのでさっそく測定，といきたいところですが，1石アンプではゲインの計算値と測定値の間に差がありました.

差が発生する原因を解明しておかないと，測定に意味がない可能性があります. まず，1石アンプの測定値が計算値と違う原因を調べておきましょう.

● サウンド・デバイスの入力インピーダンスが原因

第2章で製作した1石アンプのゲインは59倍と測定され，計算値の76倍より2.2 dB小さくなっていました.

これはサウンド・デバイスの入力インピーダンスZ_{in}の影響と推定されます. Z_{in}を測定してみましょう.

▶ ステップ1

サウンド・デバイスのLine OutとLine Inを**図3-10(a)**のように接続します.

図3-10(a)のR_Sとサウンド・デバイスの入力インピーダンスZ_{in}は分圧回路を形成します［**図3-10(b)**］.

WaveGeneで1 kHz正弦波を発生させ，Wave Spectraで両チャネルのレベルを読み取ります.

Lチャネル：－2.1 dB

Rチャネル：－6.9 dB

▶ ステップ2

分圧回路のゲインG［倍］は，

$$G = \frac{Z_{in}}{R_S + Z_{in}} \quad \cdots\cdots\cdots\cdots\cdots\cdots\cdots\cdots\cdots\cdots\cdots\cdots\cdots\cdots\cdots\cdots\cdots (3\text{-}15)$$

これをZ_{in}について解くと，

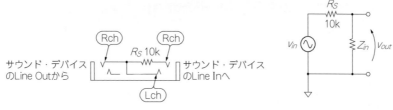

(**a**) Line OutとLine Inの間に10kΩを入れる

(**b**) R_SとZ_{in}で形成される分圧回路の特性を測る

図3-10 サウンド・デバイスの入力インピーダンスZ_{in}の測定法

$$Z_{in} = \frac{G}{1 - G} R_S \dotfill (3\text{-}16)$$

dBで表したゲインGは，ステップ1の測定値から，

$$G = -6.9\,\mathrm{dB} - (-2.1\,\mathrm{dB}) = -4.8\,\mathrm{dB}$$

すなわち

$$G = 10^{-4.8/20} = 0.5754\,\text{倍}$$

この値と$R_S = 10\,\mathrm{k\Omega}$を式(3-16)に代入すると，$Z_{in}$は

$$Z_{in} = \frac{0.5754}{1 - 0.5754} \times 10\,\mathrm{k} \fallingdotseq 13.5\,\mathrm{k\Omega}$$

と求まります.

● Z_{in}を考慮すれば計算値と測定値はほぼ一致する

　Z_{in}があると，1石アンプのゲインが変わります.

　Z_{in}は第2章図2-10(b)の小信号等価回路の$R_4 = 2.2\,\mathrm{k\Omega}$と並列に入るので，負荷抵抗が2.2kΩから1.89kΩに低下します. よって，Z_{in}を考慮したゲインは，

$$76\,\text{倍} \times (1.89\,\mathrm{k}/2.2\,\mathrm{k}) = 65\,\text{倍}$$

になります. 実測値の59倍とまだ開きがありますが，誤差は1dB程度なので，問題ないことにします.

　Z_{in}の影響を考慮すればよいことがわかったので，2石アンプを測定しましょう.

　図3-1のように実験用プリント基板とサウンド・デバイスを接続します.

　WaveGeneで1kHz/0dBの正弦波を発生させ，WaveSpectraで観測した画面を図3-11に示します.

● Z_{in}を考慮したゲイン測定

　図3-11から読み取れるように，入力電圧は−19.6dB，出力電圧は−2.0dBですから，ゲインは17.6dB，すなわち7.6倍です.

　小信号等価回路から計算したゲイン12.0倍と大きな開きがあるのは，サウンド・ボードの入力インピーダンスZ_{in}（= 13.5kΩ）の影響です.

　Z_{in}を考慮したゲインGは，

$$G = 12.0 \times \frac{R_C /\!/ Z_{in}}{R_C} = 12.0 \times \frac{6.88 /\!/ 13.5}{6.88} \fallingdotseq 7.9\,\text{倍}$$

となります. 測定値のゲイン7.6倍とほぼ一致します.

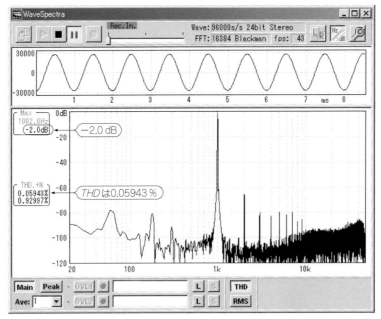

（a）２石アンプの出力電圧

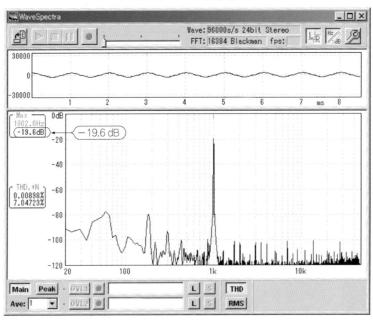

（b）２石アンプの入力電圧

図3-11　２石アンプの入出力電圧波形とそのFFT解析からゲインとTHDを求める

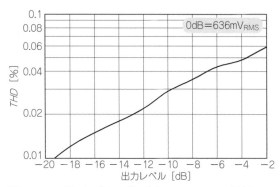

図3-12　2石アンプのひずみ率(パソコンによる測定)
1石アンプより改善されている

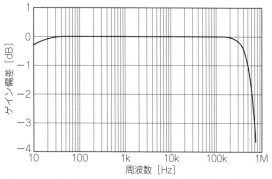

図3-13　2石アンプの実測周波数特性(周波数特性測定セットによる実測)

高域特性はあまり良くならなかった

ひずみ率特性

出力が−2.0 dBでのTHDは，WaveSpectraの画面に0.05943％と表示されています［**図3-11(a)**］.

出力対THDのグラフを作ってみましょう.**図3-1**の可変抵抗器2 kΩで出力を−20〜−2 dBまで2 dBステップで変化させ，WaveSpectraでTHDを読み取り，Excelでグラフにします.

結果を**図3-12**に示します.出力レベルは，フルスケールに対する相対値です.

出力の絶対レベルを知るため，出力電圧を測定したところ，−6 dBの出力電圧は318 mV$_{RMS}$でした.つまり0 dB = 636 mV$_{RMS}$です.測定にはテスタと自作アダプタ(Appendix B)を使いました.

周波数特性

実測した周波数特性を**図3-13**に示します.

図3-1の2石アンプは，出力となるコレクタからではなく，エミッタから負帰還を戻しています.

アンプ出力そのものには負帰還がかかっていないので，出力電圧はZ_{in}などの負荷の影響を受けやすくなっています.

高域周波数特性は，アンプと測定器の間をつなぐ接続ケーブルの静電容量に強く影響されます.**図3-13**の測定に用いたケーブルの静電容量は約10 pFです.

第3章のまとめ

(1) コレクタ電流を一定に保つと，温度が1℃上昇したとき，V_{BE}は約2 mV低下する

(2) 動作点がはっきりしないときは，V_{BE} = 0.6 V，I_B = 0 Aとおいて反復計算する

(3) 電解コンデンサを使わない回路が望ましい

(4) 次段の入力インピーダンスはゲインに影響する

(5) エミッタ共通回路はV_{BE}という入力オフセット電圧とI_Bという入力バイアス電流をもつOPアンプと解釈できる

第4章

温度が変動しても安定した性能が得られる

動作点の安定度を高めた 3石/5石アンプ

第3章の2石アンプは，高ゲインと低ひずみが両立するアンプでしたが，回路の設計は難しそうでした．もっと簡単に使える増幅器を作りましょう．

4-1 3石アンプの製作

3石アンプの回路図を**図4-1**に，完成写真を**写真4-1**に示します．

取り付ける部品を**表4-1**に，部品配置（パターン面から見た図）を**図4-2**に示します．

以下の順序で組み立てるのが効率的です．

▶ 2石アンプのR_1とR_6，ジャンパJ_8～J_{11}を除去

基板裏面に配線などがあると，ほかの部品のはんだ付けのじゃまになるので，先に外します．

▶ R_{11}，Q_3，C_5，C_6を基板に挿入しはんだ付け

基板に挿入する部品を取り付けます．

▶ R_1，R_9，R_{10}，R_{12}，R_{13}を基板裏で空中配線

空中配線する抵抗を配置します．

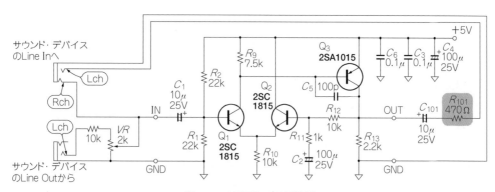

図4-1　3石アンプの回路図

表4-1 3石アンプのために2石アンプに追加する部品

記号	値など	タイプ	取り付け状態
R_{11}	1 kΩ	1/4W J 級 炭素皮膜（茶黒赤金）	基板に挿入
Q_3	2SA1015	小信号 PNP 型トランジスタ	基板に挿入
C_5	100 pF	セラミック・コンデンサ B 特性または CH 特性	基板に挿入
C_6	0.1 μF	セラミック・コンデンサ	基板に挿入
R_1	22 kΩ	1/4W J 級 炭素皮膜（赤赤橙金）	基板裏で 配線
R_9	7.5 kΩ	1/4W J 級 炭素皮膜（紫緑赤金）	基板裏で 配線
R_{10}	10 kΩ	1/4W J 級 炭素皮膜（茶黒橙金）	基板裏で 配線
R_{12}	10 kΩ	1/4W J 級 炭素皮膜（茶黒橙金）	基板裏で 配線
R_{13}	2.2 kΩ	1/4W J 級 炭素皮膜（赤赤赤金）	基板裏で 配線
J_1		ジャンパ・ピン	J_1 のピン・ ヘッダに装着
J_{12}		被覆撚り線	基板裏で配線
J_{13}		被覆撚り線	基板裏で配線
J_{14}		被覆撚り線	基板裏で配線

写真4-1 実験用プリント基板に作り込んだ3石アンプ

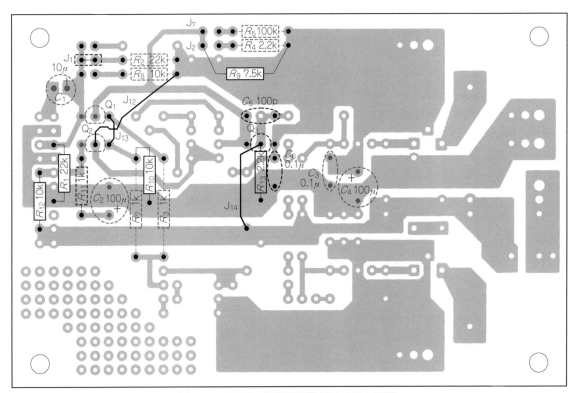

図4-2 3石アンプの部品配置（裏から見た状態）

▶裏面ジャンパの取り付け

図4-2のように，J$_{12}$〜J$_{14}$の被覆撚り線を取り付けます．

▶表面ジャンパ

①J$_6$を抜きJ$_1$に挿し込む，②J$_7$を抜く

4-2 動作点が安定で負帰還動作に向いている 差動増幅回路

● OPアンプと同じ骨格をもつ回路へ

1960年代後半にモノリシックICのOPアンプが出現し，またPNP型シリコン・トランジスタの調達が容易になったことで，1970年前後に低周波増幅器の回路構成が一変します．その特徴は，

①差動増幅器の導入

②PNP型シリコン・トランジスタの導入

③両電源方式の採用

などです．総じて，OPアンプICの内部回路を簡略化して個別トランジスタで置き換えたと言えます．図4-1の3石アンプはシンプルですが，骨格はOPアンプと変わりません．

これらの回路形式を採用することで，バイアスの設定や動作点の設計が楽になり，負帰還をかけるのにたいへん都合が良くなります．

4-3 差動増幅回路の三つの特徴

図4-1のアンプは差動増幅回路（Q$_1$とQ$_2$）とPNP型トランジスタQ$_3$のエミッタ共通回路からなります．

この回路は5V単電源ですが，一般に差動増幅回路は両電源のもとで能力を100％発揮します．両電源とは，正電圧を供給する電源と負電圧を供給する電源をセットにしたものです（図4-3）．

図4-1ではQ$_1$とQ$_2$の共通エミッタに10kΩを接続していますが，本来は図4-4(a)のように定電流回路I$_{tail}$を用います．定電流回路とは，電流を一定の直流値に保つ回路です（具体的な回路は図4-18参照）．

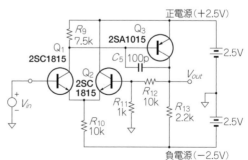

図4-3 両電源による差動増幅回路

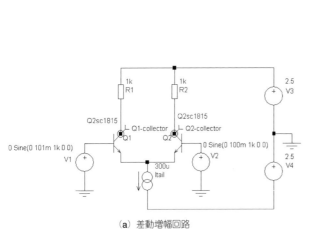

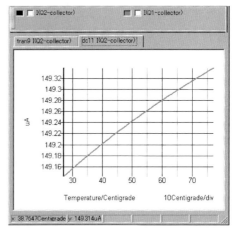

(a) 差動増幅回路   (b) DC解析結果

図4-4　差動増幅回路は動作点がとても安定している

そこでまず，両電源と定電流回路を用いた**図4-4**の差動増幅回路を考察しましょう．

● 二つの入力端子と二つの出力端子をもつ

Q_1のベース（-グラウンド間）とQ_2のベース（-グラウンド間）には，独立した信号を入力できます．

図4-4(a)では，Q_1のベースに片ピーク振幅101 mVの1 kHz正弦波を，Q_2のベースに片ピーク振幅100 mVの1 kHz正弦波を入力しています．出力は，Q_1のコレクタとQ_2のコレクタの両方から取り出せます．**図4-1**のように片側だけを使ってもかまいません．

● 温度に対して動作点が安定

温度が変化しても，二つのトランジスタのチップ温度が等しいならば，各トランジスタの直流コレクタ電流はほとんど変化しません．

図4-4(a)の二つのトランジスタの特性（h_{FE}や飽和電流など）が等しく，さらに両トランジスタのチップ温度が等しいならば，無信号時のQ_1とQ_2のエミッタ電流は相等しく，

$$I_{E1} = I_{E2} = \frac{I_{tail}}{2} \quad\text{...}\text{(4-1)}$$

となります．

I_{tail}は差動増幅回路の共通エミッタ電流で，一般にテール電流と呼ばれます．

I_{tail}を300 μAとしたことに深い意味はありませんが，バイポーラ・トランジスタの差動増幅回路は，この程度のテール電流で動作させるのが一般的です．

実際の回路では，さまざまな条件を考慮して値を定めます．それらの条件については，まだ考えられる段階ではありません．

I_{tail}を300 μAに定めたとすると，各エミッタ電流は式(4-1)によって150 μAになります．

ここで，第2章の式(2-6)を用いると，コレクタ電流とエミッタ電流の間に次式の成り立つことがわかります．

$$I_C = \frac{h_{FE}}{1+h_{FE}} I_E \quad\text{\dotfill}\quad (4-2)$$

したがって,

$$I_{C1} = I_{C2} = \frac{h_{FE}}{1+h_{FE}} \frac{I_{tail}}{2} \quad\text{\dotfill}\quad (4-3)$$

となります. $h_{FE} = 170$ とすると,

$$I_{C1} = I_{C2} = \frac{170}{171} \frac{300\,\mu A}{2} \fallingdotseq 149.12\,\mu A$$

となります.

▶ SPICEで動作点が安定であることを確認

DC解析でコレクタ電流-温度特性をシミュレーションすると 図4-4(b)のグラフが得られます.

Q_1とQ_2のコレクタ電流は完全に等しく,1本の曲線に重なっています. そして27 ℃におけるコレクタ電流は149.14 μAと読み取れます.

なお,温度とともにコレクタ電流が若干増えるのは,バイポーラ・トランジスタは,温度が上がるとh_{FE}が増える,という性質を備えているためです.

● 二つの入力電圧の差だけを増幅する

差動増幅器の二つの入力端子間の電位差を差動入力電圧 V_{dif}と言います. 図4-4(a)のV_{dif}は片ピーク振幅1 mVの1 kHz正弦波,

$$V_{dif}(t) = V_1(t) - V_2(t) = 0.001 \sin 2\pi f t \quad\text{\dotfill}\quad (4-4)$$

です.

一方,二つの入力電圧の相加平均を同相入力電圧 V_{com}と言います. 図4-4(a)のV_{com}は,

$$V_{com}(t) = \frac{V_1(t) + V_2(t)}{2} = 0.1005 \sin 2\pi f t \quad\text{\dotfill}\quad (4-5)$$

です.

逆に,V_{dif}と V_{com}を用いてベース-グラウンド間入力電圧のV_1とV_2を次のように表すことができます.

$$V_1(t) = V_{com}(t) + \frac{V_{dif}(t)}{2} \quad\text{\dotfill}\quad (4-6)$$

$$V_2(t) = V_{com}(t) - \frac{V_{dif}(t)}{2} \quad\text{\dotfill}\quad (4-7)$$

そこで,図4-4(a)の差動増幅器を図4-5(a)の回路に置き換えることができます.

差動入力電圧が微小ならば図4-5(a)の回路も線形とみなせるので「重ねの理」(コラム参照)が成り立ちます.

すなわち,図4-5(a)の出力は,同相入力電圧だけを入力した図4-5(b)の出力と,差動入力電圧だけを入力した図4-5(c)の出力との重ね合わせになります.

▶ 同相入力電圧は出力に現れない

図4-5(b)の動作を考えましょう. 図から両トランジスタのベース-エミッタ間電圧は等しいことがわかります. よって式(4-3)が成り立ちます. つまり,同相入力電圧 V_{com}が直流であれ交流であれ,コレクタ電流は変化しません.

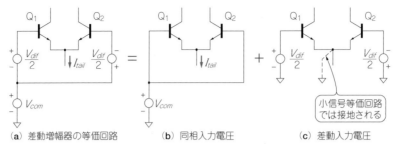

（a）差動増幅器の等価回路 （b）同相入力電圧 （c）差動入力電圧

小信号等価回路
では接地される

図4-5　差動増幅回路への入力信号は同相入力電圧と差動入力電圧に分けて考える

▶差動入力電圧だけが増幅される

　したがって，差動増幅回路の出力は，差動入力電圧だけを印加した**図4-5(c)**の出力に等しくなります．

　ここで，**図4-5(c)**の小信号等価回路を考えましょう．二つのトランジスタのベースに印加される微小信号は同振幅で逆位相ですから，共通エミッタ電位は変化しないと考えるのが自然です．

　第2章で説明したように，小信号等価回路は電圧や電流の変化ぶんだけを考察するので，小信号等価回路では，電圧変化のない共通エミッタはグラウンドに短絡されます．

　つまり**図4-5(c)**の回路は，エミッタをグラウンドに接続した二つのエミッタ共通回路のように動作します．Q_1 の ΔV_{BE} は（$V_{dif}/2$）で，Q_2 の ΔV_{BE} は（$-V_{dif}/2$）ですから，二つのトランジスタのコレクタ電流の変化ぶん ΔI_{C1} と ΔI_{C2} は，

$$\Delta I_{C1} = g_m (V_{dif}/2) = (g_m/2) V_{dif} \quad\cdots\cdots\cdots\cdots\cdots\cdots\cdots\cdots\cdots\cdots\cdots\cdots\cdots\cdots\cdots\cdots (4-8)$$

$$\Delta I_{C2} = g_m (-V_{dif}/2) = -(g_m/2) V_{dif} \quad\cdots\cdots\cdots\cdots\cdots\cdots\cdots\cdots\cdots\cdots\cdots\cdots (4-9)$$

　　　　ただし，g_m：エミッタ共通回路の相互コンダクタンス

となります．

● 差動増幅器の小信号等価回路

　式（4-4），式（4-8），式（4-9）によって，**図4-6**の小信号等価回路が導かれます．**図4-6**から，次の性質が読み取れます．

Column

信号源がいくつあっても恐くない「重ねの理」

　n 個の電圧源と m 個の電流源をもつ回路の出力は，$(n+m)$ 変数の関数 $f(V_1, \cdots, V_n, I_1, \cdots, I_m)$ です．ここで，$V_1, V_2, \cdots, V_n, I_1, I_2, \cdots, I_m$ の任意の値に対し，

$$f(V_1, V_2 \cdots, V_n, I_1, I_2, \cdots, I_m)$$
$$= V_1 f(1, 0, \cdots, 0) + V_2 f(0, 1, 0, \cdots 0) +$$
$$\cdots + I_m f(0, \cdots, 0, 1)$$

が成り立つとき，これを重ねの理と言います．つま

り，複数の信号を入力したときの応答が，一つの信号を個別に入力したときの応答の重ね合わせに等しいということです．

　線形回路は重ねの理が成り立ちます．というより，重ねの理が成り立つ回路を線形回路と言います．トランジスタのような非線形素子を含む回路でも，回路各部の電圧/電流の変化が微小な場合は，重ねの理が成り立つと考えます．

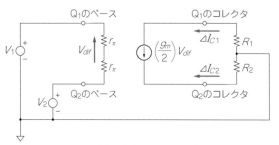

図4-6 差動増幅器の小信号等価回路

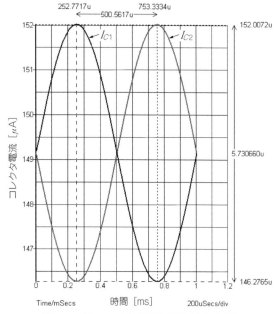

図4-7 図4-4の差動増幅回路の過渡解析
二つのコレクタ電流は対称に変化する

- 差動増幅器の相互コンダクタンス g_m はエミッタ共通回路の g_m の 1/2
- 差動増幅器のベース-ベース間抵抗は，エミッタ共通回路のベース-エミッタ間抵抗の2倍
- 差動増幅器の二つの出力電流は同振幅逆位相

ここで，エミッタ共通回路の g_m は温度 $T=300.15\,\mathrm{K}\,(27\,℃)$ において，

$$g_m = \frac{q}{kT} I_C \fallingdotseq 38.66 I_C \quad\cdots\cdots\cdots\cdots\cdots\cdots\cdots\cdots\cdots\cdots\cdots\cdots\cdots\cdots\text{既出}(2\text{-}19)$$

したがって，**図4-4(a)** の Q_1 のコレクタ電流の変化ぶん ΔI_{C1} は，

$$\Delta I_{C1} = \frac{g_m}{2} V_{dif} \fallingdotseq \frac{38.66 \times 149.12 \times 10^{-6}}{2} \times 0.001 \fallingdotseq 2.882\,\mu\mathrm{A}\cdots\cdots\cdots\cdots\cdots(4\text{-}10)$$

となります．

SPICEで確かめましょう．**図4-4(a)** の回路の過渡解析結果を**図4-7**に示します．ΔI_{C1} の両ピーク振幅は $5.73\,\mu\mathrm{A}$ ですから，片ピーク振幅は $2.865\,\mu\mathrm{A}$ です．上の計算値との差は $0.6\,\%$ にすぎません．

4-4 3石アンプの動作点を求める

どんな回路であれ，トランジスタが活性領域にあるときは，初期値として $V_{BE}=0.6\,\mathrm{V}$，$I_B=0\,\mathrm{A}$ を与えて，反復計算で動作点を求めることができます．

この手法を**図4-1**のアンプに適用すると，反復計算の1回目の動作点は，**図4-8**のようになります．1回目の計算で Q_3 のコレクタ電流が $1.14\,\mathrm{mA}$ とわかったので，この値を第1章の式 (1-9) に代入して

Q_3 の V_{BE} を算出します. すなわち,

$$V_{BE} = \frac{kT}{q} \ln\left(\frac{I_{C1}}{I_S}\right) \fallingdotseq 0.02587 \ln\left(\frac{1.14 \times 10^{-3}}{1.4 \times 10^{-14}}\right) \fallingdotseq 0.65\ \mathrm{V} \quad \cdots\cdots\cdots\cdots\cdots (4\text{-}11)$$

Q_3 の 2SA1015 は PNP 型ですから, 実際の V_{BE} は極性が反転し, $V_{EB} = 0.65\ \mathrm{V}$ となります. よって $R_9 = 7.5\ \mathrm{k\Omega}$ に流れる電流 I_{R9} は,

$$I_{R9} = 0.65/7500 = 86.7\ \mu\mathrm{A} \quad \cdots\cdots\cdots\cdots\cdots\cdots\cdots\cdots\cdots\cdots\cdots\cdots\cdots\cdots (4\text{-}12)$$

一方, Q_3 のベース電流 I_{B3} は,

$$I_{B3} = \frac{I_{C3}}{h_{FE3}} = \frac{0.00114}{170} \fallingdotseq 6.7\ \mu\mathrm{A} \quad \cdots\cdots\cdots\cdots\cdots\cdots\cdots\cdots\cdots\cdots\cdots\cdots\cdots (4\text{-}13)$$

となります. PNP 型トランジスタのベース電流 I_{B3} はベース端子からトランジスタの外へ流れ出すので, キルヒホッフの電流則によって Q_1 のコレクタ電流 I_{C1} は,

$$I_{C1} = I_{B3} + I_{R9} = 6.7\ \mu\mathrm{A} + 86.7\ \mu\mathrm{A} = 93.4\ \mu\mathrm{A}$$

となります.

Q_1 のベース‐エミッタ間電圧 V_{BE1} は,

$$V_{BE1} = \frac{kT}{q}\ln\left(\frac{I_{C1}}{I_S}\right) \fallingdotseq 0.02587 \ln\left(\frac{93.4 \times 10^{-6}}{1 \times 10^{-14}}\right) \fallingdotseq 0.594\ \mathrm{V} \cdots\cdots\cdots\cdots (4\text{-}14)$$

Q_1 のベース電流 I_{B1} は,

$$I_{B1} = \frac{I_{C1}}{h_{FE1}} = \frac{93.4 \times 10^{-6}}{170} \fallingdotseq 0.55\ \mu\mathrm{A} \quad \cdots\cdots\cdots\cdots\cdots\cdots\cdots\cdots\cdots\cdots (4\text{-}15)$$

Q_1 と Q_2 の共通エミッタ対グラウンド電圧 V_E は,

$$V_E = \frac{R_1}{R_1 + R_2} V_{CC} - (R_1 /\!/ R_2) I_{B1} - V_{BE1} \fallingdotseq 2.5 - 0.006 - 0.594 = 1.9\ \mathrm{V} \quad \cdots\cdots\cdots\cdots (4\text{-}16)$$

Q_2 のコレクタ電流 I_{C2} は,

$$I_{C2} = \left(\frac{h_{FE1}}{1 + h_{FE}}\right) \frac{V_E}{R_{10}} - I_{C1} \fallingdotseq \frac{170}{171} \times \frac{1.9}{10000} - 93.4 \times 10^{-6} \fallingdotseq 95.4\ \mu\mathrm{A} \quad \cdots\cdots\cdots\cdots (4\text{-}17)$$

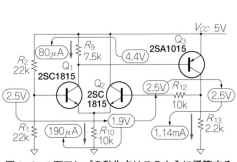

図4-8　3石アンプの動作点はこのように概算する

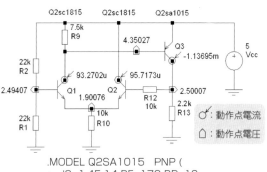

.MODEL Q2SA1015　PNP (
+ IS=1.4E-14 BF=170 BR=10
+ VAF=100 IK=0.1 RB=30
+ TF=0.63N TR=25N CJE=12P
+ CJC=11P XTB=1.3)

図4-9　手計算による3石アンプの動作点をシミュレーションで確認する

となります．SPICEで確認しましょう．SPICEの動作点解析結果を**図4-9**に示します．反復計算で求めた値はよく合っています．

4-5 3石アンプのゲインを求める

● PNP型でもNPN型でも小信号等価回路は同じ

Q_3はPNP型トランジスタですが，その小信号等価回路はNPN型トランジスタの小信号等価回路［第2章の図2-10(b)］とまったく同じです．

PNP型トランジスタに流れる電流の向きはNPN型トランジスタと逆ですが，小信号等価回路は電圧/電流の変化ぶんを考察するので，実際の電流の向きは関係ありません．

したがって**図4-10**の小信号等価回路が導かれます．

この等価回路からゲインを求めたいのですが，そのためにはR_9と並列になる$r_{\pi 3}$の値が必要です．

● 小信号電流増幅率h_{fe}を定義しておく

I_C/I_Bを直流電流増幅率h_{FE}と呼ぶと第1章で説明しました．これに対して，コレクタ電流の微小変化ぶんΔI_Cとベース電流の微小変化ぶんΔI_Bの比を小信号電流増幅率h_{fe}といいます．すなわち，

$$h_{fe} = \frac{\Delta I_C}{\Delta I_B} \quad\cdots\cdots(4\text{-}18)$$

式(4-18)はh_{fe}の定義式です．したがって，どんなトランジスタについても成り立ちます．そして理想トランジスタは，

$$h_{fe} = h_{FE} = \beta_F \quad\cdots\cdots(4\text{-}19)$$

が成り立ちます．実際のトランジスタは厳密に式(4-19)が成り立つわけではありませんが，コレクタ電流が数μA〜数mAの範囲ならば，h_{fe}とh_{FE}の差はおおむね20％程度以内です．

● h_{fe}とr_πとg_mの関係

1石アンプや2石アンプのゲイン計算に，トランジスタの電流増幅率が関係しないことを不思議に思っていた人も多いことでしょう．

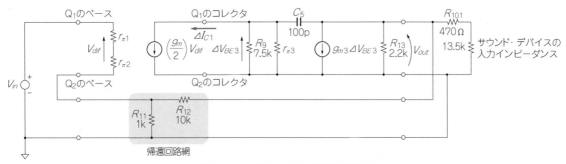

図4-10　3石アンプの小信号等価回路

電流増幅率が式に現れなかったのは，混乱を避けるために隠してあったからです．電流増幅率がゲインに与える影響を考察しましょう．

じつは，第2章の図2-10(b)の小信号等価回路のベース-エミッタ間抵抗r_πの中に小信号電流増幅率h_{fe}が隠れているのです．手短に結論を示すと，次式です．

$$r_\pi = \frac{h_{fe}}{g_m} \cdots\cdots (4\text{-}20)$$

この式の意味は，「ベース-エミッタ間抵抗r_πは，小信号電流増幅率h_{fe}に比例し，相互コンダクタンスg_mに反比例する」ということです．式(4-20)は次の3個の定義式から容易に導出できます．

$$g_m = \frac{\Delta I_C}{\Delta V_{BE}}, \quad r_\pi = \frac{\Delta V_{BE}}{\Delta I_B}, \quad h_{fe} = \frac{\Delta I_C}{\Delta I_B}$$

● ベース-エミッタ間抵抗r_πを計算する

$$g_m = \left(\frac{q}{kT}\right) I_C \fallingdotseq 38.66\, I_C \cdots\cdots \text{既出}(2\text{-}19)$$

を式(4-20)に代入すると，次式が得られます．

$$r_\pi = \frac{h_{fe}}{g_m} \fallingdotseq \frac{h_{fe}}{38.66\, I_C} \cdots\cdots (4\text{-}21)$$

この式を用いてQ_1，Q_2，Q_3の各ベース-エミッタ間の抵抗を計算すると，次の値が得られます．

$$r_{\pi 1} \fallingdotseq r_{\pi 2} \fallingdotseq \frac{170}{38.66 \times 94 \times 10^{-6}} \fallingdotseq 46.8\,\text{k}\Omega$$

$$r_{\pi 3} \fallingdotseq \frac{170}{38.66 \times 1.14 \times 10^{-3}} \fallingdotseq 3.86\,\text{k}\Omega$$

● 負帰還をかけるまえのゲインを求める

負帰還アンプのゲインは，負帰還をかけるまえのゲインと帰還回路網の特性から計算できます．

負帰還をかけるまえのゲインをオープン・ループ・ゲインと言います．このオープン・ループ・ゲインを求めてみましょう．

図4-1のC_5は，負帰還を安定にかけるためのコンデンサで，C_5によって高域のゲインが低下します．

しかし，十分に低い周波数では，C_5のインピーダンスがとても高くなるので，C_5を無視できます．すると，オープン・ループ・ゲインA_O［倍］は，

$$A_O = \frac{v_{out}}{v_{dif}} = \frac{g_m}{2}(R_9 /\!/ r_{\pi 3})\, g_{m3} \times \{R_{13} /\!/ (R_{11} + R_{12}) /\!/ (470 + 13500)\} \cdots\cdots (4\text{-}22)$$

となります．A_Oを計算しましょう．

$$\frac{g_m}{2} = \frac{38.66\, I_{C1}}{2} \fallingdotseq \frac{38.66 \times 94 \times 10^{-6}}{2} \fallingdotseq 0.00182\,\text{S}$$

$$(R_9 /\!/ r_{\pi 3}) = 7500 /\!/ 3860 \fallingdotseq 2548\,\Omega$$

$$g_{m3} \fallingdotseq 38.66 \times 1.14 \times 10^{-3} \fallingdotseq 0.044\,\text{S}$$

$$R_{13} /\!/ (R_{11} + R_{12}) /\!/ (470 + 13500) = 2200 /\!/ 11000 /\!/ 13970 \fallingdotseq 1620\,\Omega$$

よって，

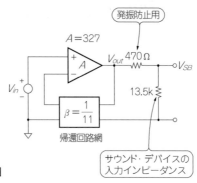

図4-11 3石アンプのブロック図

$A_O ≒ 0.00182 × 2548 × 0.044 × 1620 ≒ 330$ 倍

ただし，Q_1のベース‐Q_2のベース間抵抗$(r_{π1} + r_{π2})$と帰還回路網の出力インピーダンス$(R_{11}//R_{12})$は分圧回路を形成していて，ここでゲイン・ロスを生じるので，実質のオープン・ループ・ゲインA〔倍〕は，

$$A ≒ 330 \frac{r_{π1} + r_{π2}}{(R_{11}//R_{12}) + r_{π1} + r_{π2}} ≒ 327 \text{倍}$$

となります．

オープン・ループ・ゲインがわかったので，図4-10の小信号等価回路は図4-11のブロック図で表すことができます．$β$は帰還率，すなわち帰還回路網のゲインです．詳しくは第6章を参照してください．図4-10から，$β$は次のように計算できます．

$$β = \frac{R_{11}}{R_{11} + R_{12}} = \frac{1 \text{k}}{1 \text{k} + 10 \text{k}} = \frac{1}{11}$$

● クローズド・ループ・ゲイン

図4-11から次式が導かれます．

$$V_{out} = A(V_{in} - β V_{out}) \quad \cdots\cdots\cdots (4\text{-}23)$$

整理すると，

$$V_{out} = \frac{A}{1 + Aβ} V_{in}$$

クローズド・ループ・ゲインA_Cは，

$$A_C = \frac{V_{out}}{V_{in}} = \frac{A}{1 + Aβ} = \frac{327}{1 + (327/11)} ≒ 10.64 \text{倍} ≒ 20.54 \text{dB} \quad \cdots\cdots\cdots (4\text{-}24)$$

となります．実際は図4-10の発振防止用抵抗470 Ωとサウンド・デバイスの入力インピーダンス13.5 kΩによって分圧回路が形成され，0.3 dBのゲイン・ロスが発生するので，A_Cは20.24 dBとなるはずです．

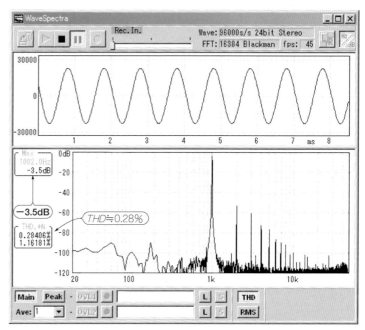

（a）出力電圧

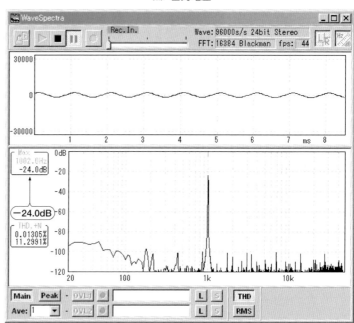

図4-12　パソコンで3石アンプの入出力
電圧波形を測定しているようす
ゲインとひずみ（THD）を測定する

（b）入力電圧

4-6　3石アンプの性能

● ゲイン

WaveGeneとWaveSpectraによる測定結果を**図4-12**に示します.

これまではサウンド・デバイスの残留ひずみを最小にするため,レベル設定を0 dB = 636 mV$_{RMS}$にしていましたが,録音入力オーバーを避けるため,今回は録音レベルを約8 dB下げて,－3.5 dB = 1 V$_{RMS}$にしました.

図4-12に示すように,入力レベルは－24.0 dB,出力レベルが－3.5 dBと観測されました.

よってクローズド・ループ・ゲインは20.5 dBです.予想値20.24 dBより0.26 dB高くなっています.原因は,

 ①2SA1015のh_{fe}が計算値(170)より大きい
 ②帰還回路網の抵抗値誤差(±5%を使用)
 ③サウンド・デバイスの左右音量バランス誤差

などが累積したと考えられます.

● 3石アンプのひずみ率特性

WaveGeneとWaveSpectraで測定した*THD*-出力電圧特性を**図4-13**に示します.2石アンプよりひずみ率がやや増えています(第3章の図3-12参照).

● 3石アンプの周波数特性

実測特性を**図4-14**に示します.高域ゲインが3 dB低下する周波数は約200 kHzです.周波数特性も2石アンプより悪化しています.これは位相補償容量C_5の値を大きく設定しているためです.

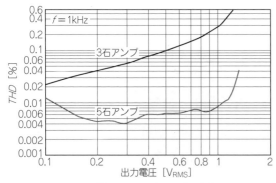

図4-13　3石アンプと5石アンプのひずみ率(パソコンによる測定)
3石アンプは2石アンプより少し悪い

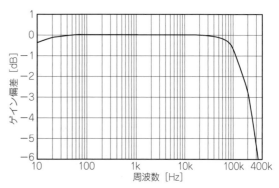

図4-14　3石アンプの周波数特性(周波数特性測定セットによる実測)
周波数特性も少し2石アンプより悪い.これは部品定数の問題で回路構成のせいではない

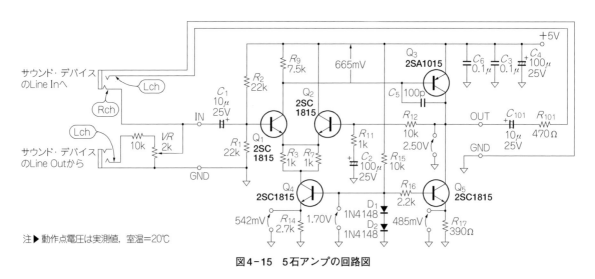

図4-15 5石アンプの回路図

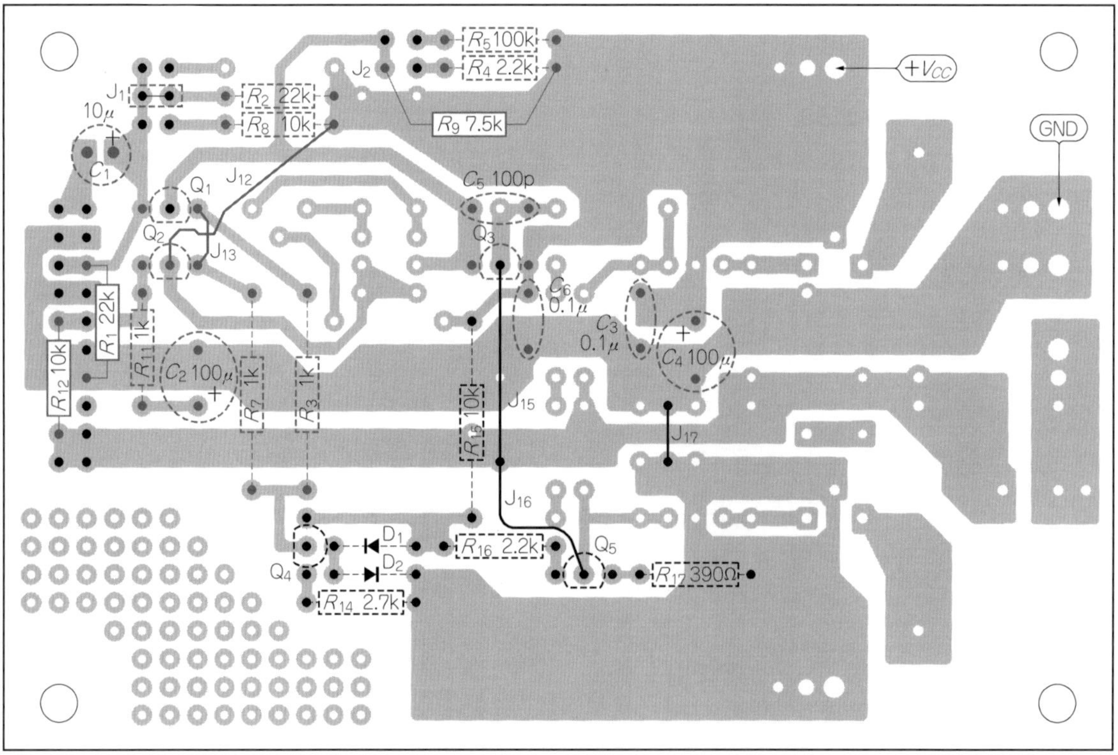

サウンド・デバイス のLine Inへ
Rch
Lch

サウンド・デバイス のLine Outから
Lch

注▶動作点電圧は実測値, 室温=20℃

図4-16 5石アンプの部品配置(裏から見た状態)

写真4-2　実験用プリント基板に作り込んだ5石アンプ

表4-2　5石アンプのために3石アンプに追加する部品

記号	値など	タイプ	取り付け状態
R_{14}	2.7 kΩ	1/4W J級 炭素皮膜（赤紫赤金）	基板に挿入
R_{15}	10 kΩ	1/4W J級 炭素皮膜（茶黒橙金）	基板に挿入
R_{16}	2.2 kΩ	1/4W J級 炭素皮膜（赤赤赤金）	基板に挿入
R_{17}	390 Ω	1/4W J級 炭素皮膜（橙白茶金）	基板に挿入
Q_4	2SC1815	小信号 NPN 型 トランジスタ	基板に挿入
Q_5	2SC1815	小信号 NPN 型 トランジスタ	基板に挿入
D_1	1N4148	小信号スイッチング・ダイオード	基板に挿入
D_2	1N4148	小信号スイッチング・ダイオード	基板に挿入
J_{15}		被覆撚り線	基板裏で配線
J_{16}		被覆撚り線	基板裏で配線
J_{17}		被覆撚り線	基板裏で配線

4-7　5石アンプの製作

● 定電流回路を追加する

　3石アンプは差動増幅回路の採用で動作点がすばらしく安定になりましたが，ひずみ率はもの足りません．定電流回路を追加してゲインを上げると，ひずみ率が激減します．

　次の要領で，図4-15に示す5石アンプに改良します．表4-2に追加部品，図4-16に部品配置を示します．

- ●ジャンパJ_{14}を除去（J_{12}とJ_{13}は残す）
- ●R_{10}とR_{13}を除去
- ●R_{14}，R_{15}，R_{16}，R_{17}を基板に挿入してはんだ付け
- ●Q_4，Q_5とダイオードD_1，D_2を基板に挿入してはんだ付け
- ●ジャンパJ_{15}，J_{16}，J_{17}を基板裏で配線

　J_{14}とJ_{15}は同じ配線ですが，R_{15}を取り付けるため，いったんJ_{14}を外し，R_{15}の取り付け後にJ_{15}を再配線しています．

4-8　3石アンプを低ひずみ化する

　図4-15のアンプは，3石アンプの差動増幅回路のエミッタ抵抗R_{10}をQ_4に置き換え，Q_3のコレクタ

抵抗R_{13}をQ_5に置き換えたものです.

Q₄とQ₅はどちらも定電流回路として働きます.

抵抗を定電流回路に変更してゲインを上げる

● ダイオードを使って定電圧を得る

トランジスタによる定電流回路のベース・バイアス電圧をダイオード(D₁とD₂)で安定化しているので,まずダイオードの特性を明らかにしましょう.

ダイオードの端子間電圧V_Dと端子電流I_Dの関係は,トランジスタの活性領域におけるI_C-V_{BE}特性と本質的に同じもので,近似的に次式で与えられます.

$$I_D = I_S e^{\frac{q}{kT}V_D} \quad\text{············(4-25)}$$

ただし,I_S:飽和電流

よって,

$$V_D = \frac{kT}{q} \ln(I_D/I_S) \quad\text{············(4-26)}$$

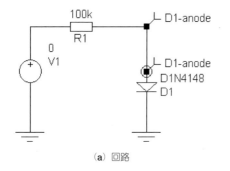

(a) 回路

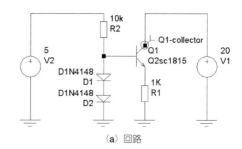

(a) 回路

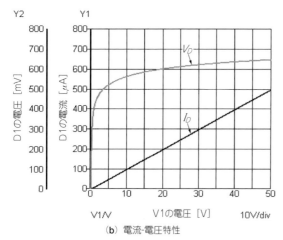

(b) 電流-電圧特性

図4-17 ダイオードの電圧は電流が大きく変わってもあまり変動しない

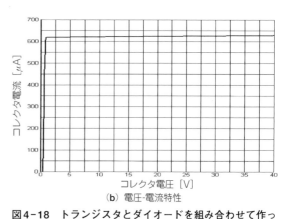

(b) 電圧-電流特性

図4-18 トランジスタとダイオードを組み合わせて作った定電流回路の特性(シミュレーション)
コレクタ電圧が1V以上あるとコレクタ電圧によらずコレクタ電流はほぼ一定値になる

式が示すように，I_Dを変化させるとV_Dは対数的に変化します．

図4-17を見てください．V_1を10 V→50 Vに上げたとき，ダイオード電流は約5倍増えますが，ダイオード電圧は560 mV → 640 mVにしか増えていません．

したがって，シリコン・ダイオードは0.6 V程度の簡易定電圧回路として使えます．LEDを用いると1.6〜3.3 V程度の定電圧回路になります．

● トランジスタとダイオードで定電流回路ができる

ダイオードとトランジスタを図4-18のように組み合わせると，コレクタ電圧を大幅に変化させてもコレクタ電流は，ほとんど一定です．つまり，定電流回路になっています．ただし，今回の回路の場合は，対グラウンドのコレクタ電圧が0.8 V以上必要です．

このときのコレクタ電流I_Cは，

$$I_C = \frac{h_{FE}}{1 + h_{FE}} I_E = \frac{h_{FE}}{1 + h_{FE}} \frac{V_{D1} + V_{D2} - V_{BE1}}{R_1} \quad\cdots\cdots (4\text{-}27)$$

ここで，

$$h_{FE}/(1 + h_{FE}) \fallingdotseq 1$$

また，

$$V_{D1} = V_{D2} \fallingdotseq V_{BE1} \fallingdotseq 0.6 \text{ V}$$

ですから，

$$I_C \fallingdotseq \frac{0.6}{R_1} \text{ [A]} \quad\cdots\cdots (4\text{-}28)$$

となります．

● アンプの動作点を決める定電流回路の温度特性

ダイオードのI_D-V_D特性を規定する式(4-25)は，トランジスタのI_C-V_{BE}特性を規定する式(1-8)とまったく同じ形の関数ですから，ダイオード電流を一定に保ったとき，ダイオード電圧は温度の上昇とともに約-2 mV/℃の割合で直線的に低下します．

▶ダイオード電圧の定電流回路への影響を計算する

図4-18の2個のダイオードのうち，一つのダイオードのV_Dの温度依存性はトランジスタのV_{BE}の温度依存性で相殺されます．

もう一つのダイオードの温度依存性は残り，温度が1℃上昇するとR_1の両端電圧が約2 mV低下します．**図4-18**のR_1の両端電圧は約0.6 Vなので，

$$-2 \text{ mV}/0.6 \text{ V} \fallingdotseq -0.3 \text{ \%}$$

だけR_1の両端電圧が低下します．したがって，エミッタ電流が約-0.3 %/℃で減少し，必然的にコレクタ電流も約-0.3 %/℃の割合で減少します．

● 定電流回路の内部抵抗

定電流回路とは，電圧が変化しても電流が変化しない回路ですから，

$$\frac{\Delta V}{\Delta I} = \frac{\Delta V}{0} = \infty$$

つまり，理想定電流回路の内部抵抗は無限大です．ちなみに，理想定電圧回路の内部抵抗はゼロです．

●ダイオードによる定電圧回路の内部抵抗

ダイオードの内部抵抗$\Delta V_D / \Delta I_D$（厳密には動作抵抗という）も計算しておきましょう．

式(4-25)と式(1-8)の類似性から，「V_Dが1mV増加するとI_Dは約4%増加する」という性質が導かれます．すなわち，

$$\frac{\Delta I_D}{I_D} \fallingdotseq 0.04 \times \frac{\Delta V_D}{0.001}$$

よって，

$$r_d \equiv \frac{\Delta V_D}{\Delta I_D} \fallingdotseq \frac{0.025}{I_D} \ [\Omega]$$

理想ダイオードの動作抵抗の正確な値は，式(4-25)を微分して，

$$r_d = \frac{kT}{q}\frac{1}{I_D} \ \dots\dots\dots\dots\dots\dots\dots\dots\dots\dots\dots\dots\dots\dots\dots\dots\dots (4\text{-}29)$$

となります．

kT/qは絶対温度Tに比例するパラメータで，一般に「熱電圧」と呼ばれます．27℃(300.15 K)における熱電圧は25.87 mVです．したがって，例えばI_D = 1 mA ならば，(理想)ダイオードの動作抵抗は25.87 Ωになり，100 μA ならば258.7 Ωとなります．

4-9 5石アンプの性能

3石アンプのQ_3のコレクタ負荷抵抗R_{13}=2.2 kΩの代わりに定電流回路を挿入したので，2.2 kΩが開放

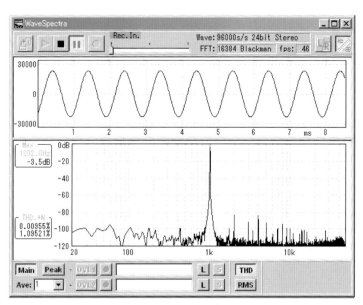

**図4-19　5石アンプの出力電圧波形と
スペクトラム**（パソコンによる測定）
ひずみが小さくなったのがわかる

除去されます．負荷抵抗 R_L が1620 Ωから，次のように増加します．

$$R_L \fallingdotseq (R_{11} + R_{12}) /\!/ (470 + 13500) \fallingdotseq 11000 /\!/ 13970 \fallingdotseq 6080 \ \Omega$$

つまり，Q_3 の負荷抵抗が3.75倍になります．

ほかの条件（g_m など）が以前と同じならば，ゲインは4倍弱増えます．すると，以前と同じ出力電圧を得るために必要な Q_3 の ΔV_{BE} は以前の約 1/4 に減ります．

一般にエミッタ共通回路のひずみ率は ΔV_{BE} に比例するので，Q_3 から発生する高調波ひずみが約 1/4 に減少します．さらに，オープン・ループ・ゲインの増加は負帰還量の増加をもたらすので，ひずみ率が相乗的に減少します．

WaveGene と WaveSpectra で測定したひずみ率特性は図4-13 のとおりです．5石アンプの THD が $1 \ \mathrm{V_{RMS}}$ 以上で顕著に増えていますが，このひずみの大部分はサウンド・ボードのひずみで，自作ひずみ率計で測定した値は，出力電圧 $1.3 \ \mathrm{V_{RMS}}$ まで 0.01 % 以下です．出力電圧 $= 1 \ \mathrm{V_{RMS}}$ におけるスペクトラムを図4-19 に示します．

第4章のまとめ

(1) 理想差動増幅器は差動入力電圧だけを増幅する
(2) 理想差動増幅器は温度が変化してもコレクタ電流は，ほとんど変化しない
(3) 差動増幅器のベース-ベース間抵抗は，エミッタ共通回路のベース-エミッタ間抵抗の2倍になる
(4) 差動増幅器の g_m はエミッタ共通回路の g_m の1/2
(5) 差動増幅器の二つの出力電流は同振幅逆位相
(6) PNP型トランジスタの小信号等価回路はNPN型トランジスタの小信号等価回路と同じ
(7) $h_{fe} = \Delta I_C \, / \, \Delta I_B$
(8) エミッタ共通回路のベース-エミッタ間抵抗 r_π は $r_\pi = h_{fe} / g_m$

第5章

OPアンプに迫る性能をもつ

広帯域/高ゲイン/高安定/低ひずみを 実現する7石/9石アンプ

第4章の3石アンプと5石アンプは，OPアンプと同じ骨組みをもつ回路でした．そこから，一般的なOPアンプの内部回路まで，肉付けされていく部分を見ていきましょう．

5-1 7石アンプの製作

図5-1の回路を作りましょう．追加する部品を表5-1に，部品の実装を図5-2に，完成写真を写真5-1に示します．

- 5石アンプのR_9とジャンパJ_{12}を除去し，J_{13}，J_{15}，J_{16}，J_{17}は残す
- Q_6，Q_7とR_{18}，R_{19}を基板に挿入し，はんだ付けする

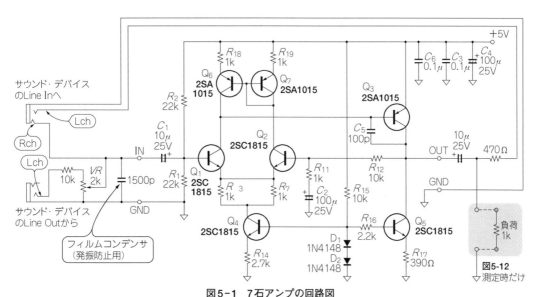

図5-1 7石アンプの回路図
5石アンプよりオープン・ループ・ゲインを大きくしてひずみを減らす

写真5-1　実験用プリント基板に
7石アンプを作り込んだところ

表5-1　5石アンプを7石アンプ
に改良するために追加する部品

記号	値など	タイプ	取り付け状態
R_{18}	1 kΩ	1/4 W J級　炭素皮膜 （茶黒赤金）	基板に挿入
R_{19}	1 kΩ	1/4 W J級　炭素皮膜 （茶黒赤金）	基板に挿入
Q_6	2SA1015	小信号 PNP 型トランジスタ	基板に挿入
Q_7	2SA1015	小信号 PNP 型トランジスタ	基板に挿入

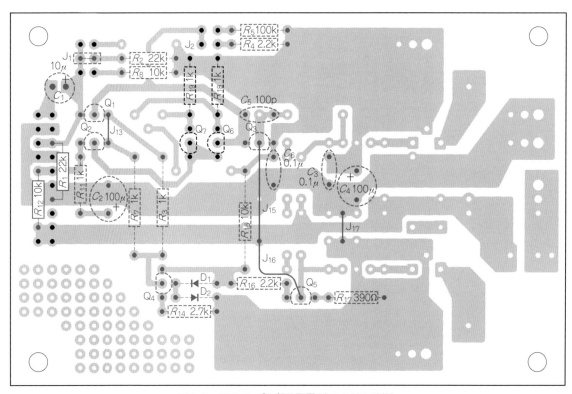

図5-2　7石アンプの部品配置（裏から見た状態）

5-2 よりゲインを大きくするために初段に改良を加える

● 初段のコレクタ抵抗を定電流回路に置き換える

5石アンプ（第4章の図4-15）の小信号等価回路は，3石アンプの小信号等価回路（第4章の図4-10）からQ₃のコレクタ負荷抵抗R_{13}を除去したものになります（図5-3）.

R_{13}の除去でオープン・ループ・ゲインが増え，ひずみが減少することは，前章で確認したとおりです.

そこで，Q_1のコレクタ抵抗R_9を定電流回路に置き換えれば，さらにオープン・ループ・ゲインが増えてひずみが減るだろうと推測できます.

図5-4は，これを実現した回路です. R_Aと直列に接続したダイオードのアノード-カソード間電圧とQ_AのV_{EB}が等しいならば，Q_Aのエミッタ電流は0.1 mAとなり，Q_Aのコレクタ電流もほぼ0.1 mAになります.

● Q_2のコレクタ電流が利用されて2倍のゲインが得られる

図5-4の網をかけた部分の$R_C = 43\,\text{k}\Omega$は，R_Aとダイオードに0.1 mAの電流を流すための抵抗ですが，回路を図5-5のように変更し，Q_2のコレクタ電流をダイオードとR_Aに流してやれば$R_C = 43\,\text{k}\Omega$は不要だと気づきます.

ただし，図5-5の網をかけた部分は，定電流回路ではありません. Q_Aのコレクタ電流I_{CA}はQ_2のコレクタ電流I_{C2}に応じて変化するからです.

R_Aと直列に接続されたダイオードのアノード-カソード間電圧V_DがQ_AのV_{EB}に等しいと仮定し，さらにQ_Aのベース電流をゼロとみなすと，

$$I_{CA} = I_{C2} \quad\cdots\cdots\cdots\cdots\cdots\cdots\cdots\cdots\cdots\cdots\cdots\cdots\cdots\cdots\cdots\cdots\cdots\cdots\cdots\cdots\cdots\cdots\cdots\cdots\cdots\cdots\cdots (5\text{-}1)$$

が成り立ちます. 信号を入力するとQ_2のコレクタ電流はそれに応じて変化するので，Q_Aのコレクタ電流も信号に応じて変化します.

これはむしろ好都合です. なぜなら，Q_Aのコレクタ電流の変化ぶんがQ_3のベースに流入し，ゲインを増やすように機能するからです.

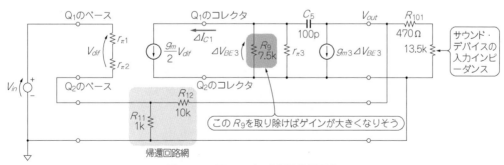

図5-3　5石アンプの小信号等価回路

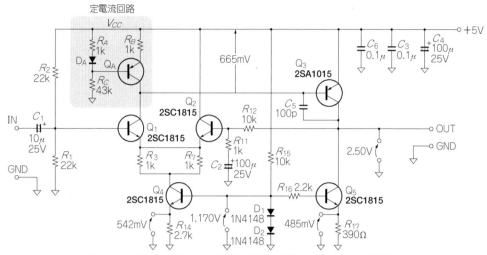

図5-4　5石アンプのR_9を定電流回路に置き換えるとゲインが増える

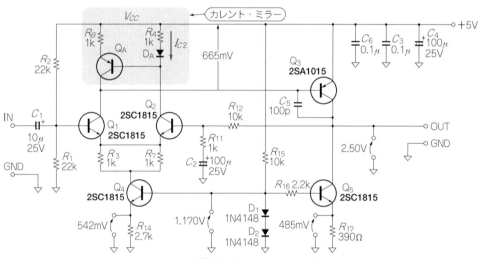

図5-5　定電流回路をさらにくふうする

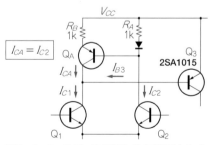

図5-6　Q_3のベースに流れ込む電流はQ_1とQ_2両方のコレクタ電流の変化ぶんの合計

定量的に考えましょう．Q_A のコレクタと Q_1 のコレクタの接続点（ノード）にキルヒホッフの電流則を適用すると，**図5-6**に示すように，

$$I_{B3} + I_{CA} = I_{C1}$$

が成り立ちます．式(5-1)を代入して書き直せば，

$$I_{B3} = I_{C1} - I_{C2}$$

です．電流の変化ぶんを考えると，

$$\Delta I_{B3} = \Delta I_{C1} - \Delta I_{C2} \cdots\cdots\cdots\cdots\cdots\cdots\cdots\cdots\cdots\cdots\cdots\cdots\cdots (5\text{-}2)$$

第4章で知ったように，Q_1 と Q_2 のコレクタ電流の変化ぶんは同振幅逆位相ですから，

$$\Delta I_{C2} = -\Delta I_{C1}$$

これを式(5-2)に代入し，

$$\Delta I_{B3} = 2\Delta I_{C1} \cdots\cdots\cdots\cdots\cdots\cdots\cdots\cdots\cdots\cdots\cdots\cdots\cdots\cdots\cdots (5\text{-}3)$$

が導かれます．

これは差動増幅回路の相互コンダクタンスが倍増し，すなわちエミッタ共通回路の g_m に等しくなり，その交流出力電流がそっくり次段のベースに流入するということです．

図5-5の網をかけた部分をカレント・ミラー（current mirror）回路といいます．この差動増幅回路のコレクタに挿入したカレント・ミラーを能動負荷といいます．

5-3 7石アンプのオープン・ループ・ゲイン

● 小信号等価回路から計算する

図5-1の7石アンプのゲイン特性の解析をしましょう．

Q_6 は**図5-5**の Q_A に相当します．Q_7 はトランジスタのダイオード接続と呼ばれるもので，ダイオードとして機能します．したがって**図5-1**の7石アンプは，**図5-5**のアンプとまったく同じで，その小信号等価回路は**図5-7**となります．よって，オープン・ループ・ゲイン A_O は，

$$A_O = \frac{v_{out}}{v_{dif}} = g_{m1} r_{\pi 3} g_{m3} \{(R_{11} + R_{12}) /\!/ (470 + 13500)\} \cdots\cdots\cdots\cdots (5\text{-}4)$$

この式には Q_3 のベース-エミッタ間抵抗 $r_{\pi 3}$ と相互コンダクタンス g_{m3} の積があります．これは，

$$r_{\pi 3} g_{m3} = \frac{h_{fe3}}{g_{m3}} g_{m3} = h_{fe3} \cdots\cdots\cdots\cdots\cdots\cdots\cdots\cdots\cdots\cdots\cdots\cdots (5\text{-}5)$$

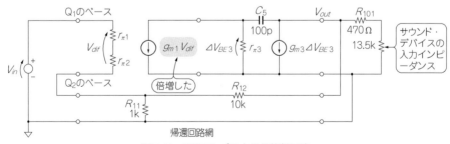

図5-7　7石アンプの小信号等価回路

ですから，式(5-4)は次のように表せます．

$$A_O = g_{m1}h_{fe3}R_L \quad\text{...} (5\text{-}6)$$

つまり，A_Oは次の3項の積です．

- Q_1（エミッタ共通回路）のg_m
- 2段目エミッタ共通回路のh_{fe}
- 2段目負荷抵抗R_L

入力電流に等しい電流が出力されるカレント・ミラー回路

図5-5の網をかけた部分（Q_A，D，R_A，R_B）は，カレント・ミラーと呼ばれる回路です．

カレント・ミラーの原理回路を図5-A(a)に示します．

この回路の特徴は，トランジスタQ_2のコレクタ電流I_{C2}が電流源I_1の電流に比例することです．

$$I_{C2} = pI_1$$

ただし，p：比例定数

比例定数pの値を求めましょう．第1章で説明したように，コレクタ電流I_Cはベース-エミッタ間電圧V_{BE}の指数関数です．

$$I_C = I_S\, e^{\frac{q}{kT}V_{BE}}$$

飽和電流I_Sは個別トランジスタの場合，同じ型番でも数倍ほどばらつきます．Q_1の飽和電流をI_{S1}，Q_2の飽和電流をI_{S2}とすると，両トランジスタのV_{BE}は同じなので（図5-B），二つのトランジスタのコレクタ電流の比I_{C2}/I_{C1}は，

$$\frac{I_{C2}}{I_{C1}} = \frac{I_{S2}\,e^{\frac{q}{kT}V_{BE}}}{I_{S1}\,e^{\frac{q}{kT}V_{BE}}} = \frac{I_{S2}}{I_{S1}} \quad\text{..................} (5\text{-}A)$$

となります．よって次式が成立します．

$$I_{C1} = \frac{I_{S1}}{I_{S2}} I_{C2} \quad\text{.......................................} (5\text{-}B)$$

ここで，キルヒホッフの電流則により，

$$I_1 = I_{C1} + I_{B1} + I_{B2}$$

Q_1とQ_2のh_{FE}が等しいと仮定すると，

$$I_1 = \left(1 + \frac{2}{h_{FE}}\right)I_{C1}$$

この式を式(5-B)に代入してI_{C1}を消去すると，

$$I_1 = \left(1 + \frac{2}{h_{FE}}\right)\frac{I_{S1}}{I_{S2}} I_{C2}$$

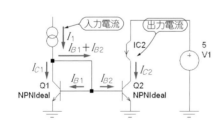

.model NPNIdeal NPN (IS=1E-14 BF=100)

（a）回路

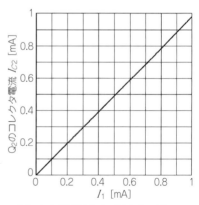

（b）出力電流は入力電流にほぼ等しい

図5-A　カレント・ミラーの原理回路

具体的な値を計算すると,

- $g_m \fallingdotseq 38.66 I_{C1} \fallingdotseq 3.9 \times 10^{-3}\,\mathrm{S}$
- $h_{fe3} = 170$
- $R_L \fallingdotseq (R_{11} + R_{12}) /\!/ (470 + 13500) \fallingdotseq 6080\,\Omega$

よって,次の値が得られます.

$A_O \fallingdotseq 0.0039 \times 170 \times 6080 \fallingdotseq 4030$倍

が成り立ちます.ゆえに,

$I_{C2} = p I_1$

ただし,

$$p = \frac{I_{S2}}{I_{S1}} \frac{h_{FE}}{h_{FE} + 2} \quad \cdots\cdots\cdots\cdots\cdots (5\text{-}C)$$

となります.したがって,もしI_{S1}とI_{S2}が等しいならば,比例定数pはきわめて1に近い値になります.

▶ エミッタに抵抗を挿入すると飽和電流のばらつきを吸収できる

個別トランジスタはもとより,モノリシックICの隣接する領域に形成されるトランジスタといえども,飽和電流を完全に等しくすることはできません.

仮にQ_1の飽和電流が0.01 pAで,Q_2の飽和電流が0.02 pAならば,比例定数pは約2となります.

ここで,図5-Bのように,各エミッタに等しい値の抵抗R_Eを挿入すると比例定数pを1に近づける

ことができます.

Q_1の飽和電流は0.01 pAで,Q_2の飽和電流は0.005 pAから0.02 pAまで5段に変化させています.

この図から,飽和電流に1対2の開きがあっても,両エミッタに1 kΩを挿入すれば,両トランジスタのコレクタ電流誤差は16%に収まり,両エミッタに2 kΩを挿入すれば,電流誤差は9%に収まることがわかります.

これは次のように一般化できます.

飽和電流に1対2の開きがあっても,電流源I_1とエミッタ抵抗R_Eの積$I_1 R_E$を0.1 Vにすれば電流誤差は16%に収まり,$I_1 R_E$を0.2 Vにすれば電流誤差は9%に収まる

また,二つのエミッタ抵抗の両方あるいは片方の値を適当に調整すれば,Q_2のコレクタ電流値を電流源I_1の電流値と等しくすることも可能です.

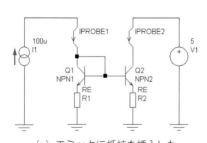

（a）エミッタに抵抗を挿入した
カレント・ミラー

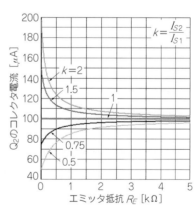

（b）飽和電流に差があったときの
コレクタ電流

図5-B　エミッタに抵抗を入れるとQ_1とQ_2に流れる電流のバランスを改善できる

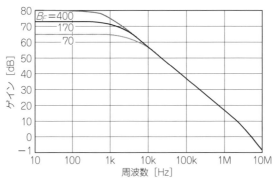

図5-8　7石アンプのオープン・ループ・ゲインの周波数特性（シミュレーション）
低域でばらつくゲインが高域ではそろっている

　　ただし，2SA1015のh_{fe}の値は70〜400ぐらいの範囲にばらつくので，低い周波数のオープン・ルー
プ・ゲインは大きくばらつきます．

　　図5-8は，2SA1015のβ_F（順方向電流増幅率）を70，170，400としたときのオープン・ループ・ゲイ
ンA_Oの周波数特性をSPICEでAC解析（周波数特性解析）したものです．10 Hzにおけるゲインは次の
とおりです．

$$\beta_F = 70 \quad : \quad A_O = 64.8 \,\mathrm{dB}(1728倍)$$
$$\beta_F = 170 \quad : \quad A_O = 72.5 \,\mathrm{dB}(4241倍)$$
$$\beta_F = 400 \quad : \quad A_O = 80.0 \,\mathrm{dB}(10000倍)$$

● オープン・ループ・ゲインの周波数特性

　　図5-8に示すように，低い周波数のA_Oは2段目トランジスタの小信号電流増幅率h_{fe}に比例していま
す．しかし，3本の曲線は10 kHz以上で，周波数に反比例してゲインが減少する一本の直線に収束して
います．

　　つまり高域のA_Oは，h_{fe}とは無関係です．いったい何が，高域の周波数特性を左右するのでしょう？

　　じつは，高域のオープン・ループ・ゲインは，差動増幅回路のg_mと，2段目エミッタ共通回路のベー
ス-コレクタ間の$C_5 = 100 \,\mathrm{pF}$のインピーダンスとの積にほぼ等しいのです．式で表すと，次のように
なります．

$$A_O(f) \fallingdotseq g_{m1} \frac{1}{j2\pi f C_5} \quad \cdots\cdots\cdots\cdots\cdots\cdots\cdots\cdots\cdots\cdots\cdots\cdots\cdots\cdots\cdots (5\text{-}7)$$

　f：周波数［Hz］

　　右辺の$1/j$は出力の位相が入力の位相より$90°$遅れることを表します．式(5-7)は複素数（複素関数）
です．交流理論は，複素数で入出力の位相差と入出力の振幅比すなわち狭義のゲインを表します．すな
わち，複素数の絶対値が狭義のゲインを表し，複素数の偏角が入出力の位相差を表します．

　　したがって，**図5-1**の回路の狭義のオープン・ループ・ゲインG［倍］は，

$$G = \frac{g_{m1}}{2\pi f C_5} = \frac{3.9 \times 10^{-3}}{6.28 \times 100 \times 10^{-12} \times f} = \frac{6.21 \times 10^6}{f} \quad \cdots\cdots\cdots\cdots\cdots\cdots (5\text{-}8)$$

となります．つまり，$f = 6.21 \,\mathrm{MHz}$でゲインが1倍になり，$f = 621 \,\mathrm{kHz}$でゲインが10倍になります．

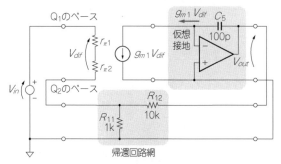

図5-9　7石アンプの小信号等価回路はこのように考えられる

図5-8を見てください．ほぼそのとおりになっています．

● ゲインが高域で式(5-7)のように表現できる理由

第3章のまとめを思い出してください．

エミッタ共通回路は，V_{BE}という入力オフセット電圧とI_Bという入力バイアス電流をもつOPアンプと解釈できました．

図5-7の小信号等価回路において，2段目をOPアンプに置き換えれば，図5-9の等価回路が導かれます．

このOPアンプの反転入力は交流的に仮想接地になっているので，小信号等価回路において反転入力は0Vです．よってOPアンプの出力電圧V_{out}は，反転入力のドライブ電流$g_{m1}V_{dif}$とC_5のインピーダンスの積になります．すなわち，

$$v_{out} = g_{m1}V_{dif}\frac{1}{j2\pi fC_5} \quad\cdots\cdots\cdots\cdots(5\text{-}9)$$

よって，オープン・ループ・ゲインA_Oは次のように表されます．

$$A_O(f) = \frac{v_{out}}{v_{dif}} = g_{m1}\frac{1}{j2\pi fC_5} \quad\cdots\cdots\cdots 既出(5\text{-}7)$$

5-4 7石アンプの特性

サウンド・ボードと接続する際，図5-1のようにプリント基板のIN端子‐GND端子間に，フィルム・コンデンサ(セラミック不可)の1500 pFを付けてください．

これがないと，7石アンプの出力電圧がステレオ・ジャックのRチャネル～Lチャネルの間にある浮遊容量によって入力に正帰還され，発振を起こすことがあります．

● ひずみ特性

7石アンプのひずみ率特性を図5-10に示します．

パソコンによる測定では1 V_{RMS}において0.01 %を越えていますが，主にサウンド・デバイスが原因

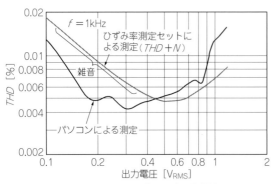

図5-10　7石アンプのひずみ率特性
5石アンプより低ひずみになった

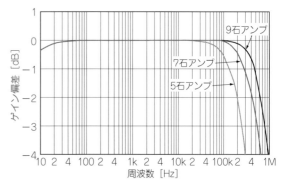

図5-11　5石アンプ/7石アンプ/9石アンプの周波数特性
（周波数特性測定セットによる実測）
7石アンプは5石アンプのほぼ倍まで伸びている

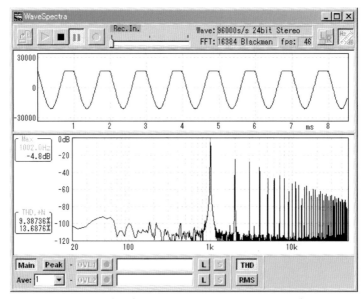

図5-12　7石アンプは負荷抵抗を小さくすると波形がひずむ

です.

　ひずみ率計による測定値は, 高調波ひずみのほかに100 kHzまでの雑音成分を含みます. 低レベル時の特性が悪くみえるのは雑音によるものです.

● 周波数特性

　実測周波数特性を**図5-11**に示します. 高域の－3 dBカットオフ周波数は, 5石アンプの250 kHzに対し, 7石アンプでは550 kHzです. カレント・ミラーで初段の相互コンダクタンスが2倍になり, カットオフ周波数もほぼ倍増しています.

● 負荷抵抗を小さくするとひずんでしまう

　7石アンプの低ひずみは，負荷抵抗値を上げた結果ですから，負荷抵抗値が下がれば，ひずみは急増します．

　7石アンプの出力電圧を1 V_{RMS}にした状態で，OUT端子のCのあとからグラウンドに1 kΩを挿入（**図5-1**参照）したときの出力電圧波形を**図5-12**に示します．

　波形の上側が完全にクリップ（飽和）しています．実際は波形の下側がクリップしています．上下が逆になったのは，サウンド・デバイスで，たまたま位相が反転したからです．

　図5-1のように，最終段に定電流回路を挿入した回路の片ピーク出力振幅は，定電流回路の電流（1.14 mA）に負荷抵抗（1 kΩ）を乗算した約1.1 Vを越えることができません．

　一般に，無ひずみ（ノン・クリップ）最大出力電圧 $V_{O\max}$は，負荷に供給する電流の最大値I_{max}と負荷抵抗R_Lの積を越えることはできません．すなわち，

$$V_{O\max} \leq I_{max}R_L \dotfill (5\text{-}10)$$

この問題は，相補（コンプリメンタリ）エミッタ・フォロワ出力段によって解決されます．

5-5　9石アンプの製作

　ではさっそく，コンプリメンタリ・エミッタ・フォロワを追加した回路を製作してみましょう．

　回路図を**図5-13**に，追加する部品を**表5-2**に，部品配置を**図5-14**に，完成写真を**写真5-2**に示します．

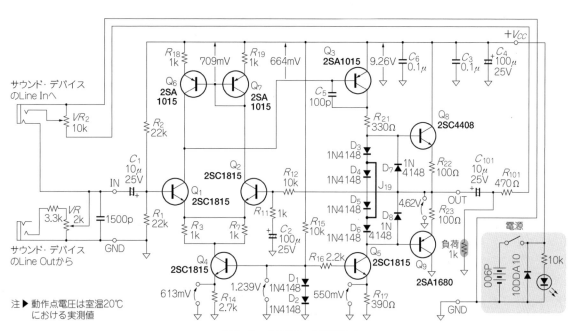

図5-13　9石アンプの回路図

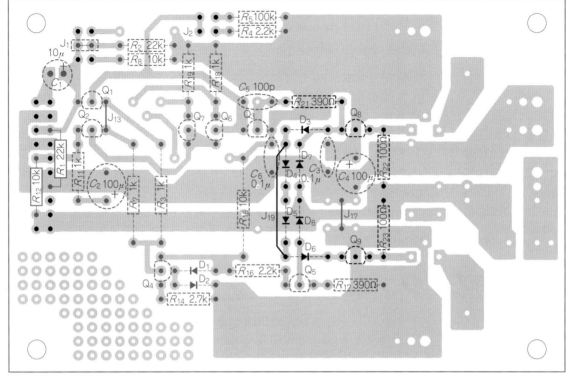

図5-14 9石アンプの部品配置(裏から見た状態)

表5-2 9石アンプのために7石アンプに追加する部品

記　号	値など	タイプ	取り付け状態
R_{21}	330 Ω	1/4 W J級　炭素皮膜 (橙橙茶金)	基板に挿入
R_{22}, R_{23}	100 Ω	1/4 W J級　炭素皮膜 (茶黒茶金)	基板に挿入
$D_3 \sim D_8$	1N4148	小信号スイッチング用 ダイオード	基板に挿入
Q_8	2SC4408	NPN 型トランジスタ	基板に挿入
Q_9	2SA1680	PNP 型トランジスタ	基板に挿入
J_{19}		被覆撚り線	基板裏で配線

写真5-2　実験用プリント基板に作り込んだ9石アンプ

▶ 部品の追加

　6個のダイオードD_3，D_4，D_5，D_6，D_7，D_8と，2個のトランジスタQ_8，Q_9，それに抵抗R_{21}，R_{22}，R_{23}を基板に挿入します．

トランジスタはコレクタ-ベース間のPN接合が順バイアスでも増幅する

9石アンプ回路図(**図5-13**)に記したように，Q_6のコレクタ電圧はベース電圧より45mV高くなっています．Q_6はPNP型トランジスタなので，コレクタ-ベース間PN接合は順バイアスになります．

つまりQ_6は，増幅回路のときに一般的に使う活性領域動作ではなく，飽和領域動作になっています．

このとき，ベース-コレクタ間に順電流I_{CB}が流れ，コレクタ電流がいくぶん減少します．しかし，45mV程度の弱い順バイアス電圧ならば，コレクタ電流の減少はきわめて微量で，問題なく増幅動作します．

計算してみましょう．第1章図1-3のエバース-モル・モデルをPNP型トランジスタに適用すると，コレクタ-ベース間電流(PN接合の順電流)I_{CB}は次式にしたがいます．

$$I_{CB} = \frac{I_S}{\beta_R}\left(e^{\frac{q}{kT}V_{CB}} - 1 \right) \cdots\cdots\cdots\cdots (5\text{-}D)$$

このI_{CB}のβ_R倍の電流がコレクタ電流と逆向きに流れます．すなわち，

$$\beta_R I_{CB} = I_S \left(e^{\frac{q}{kT}V_{CB}} - 1 \right) \cdots\cdots\cdots\cdots (5\text{-}E)$$

だけコレクタ電流が減少します．

2SA1015の飽和電流$I_S = 1.4 \times 10^{-14}$，コレクタ-ベース間電圧$V_{CB} = 0.045$を式(5-E)に代入し，

$$\beta_R I_{CB} \fallingdotseq 1.4 \times 10^{-14}\left(e^{38.66 \times 0.045} - 1 \right)$$

$$\fallingdotseq 6.57 \times 10^{-14}$$

となります．これは27℃($T = 300.15$ K)における値です．温度とともにI_{CB}は急激に増大し6℃ごとに約2倍増えます．したがって温度が60℃上昇すると$\beta_R I_{CB}$は約1000倍増えますが，それでも10^{-11}Aのオーダーです．

厳密には，微小バイアス電圧のもとでは式(5-D)は成り立ちませんが，コレクタ-ベース間が0.2V程度以下の弱い順バイアスならば，飽和領域であっても活性領域動作と大差ありません．

$D_3 \sim D_6$の極性間違いはQ_8とQ_9の損傷を招くので，シルク印刷を見て間違えないように取り付けます．

▶ ジャンパの追加

ジャンパJ_{19}(ϕ0.3塩化ビニル被覆撚り線)を基板裏で**図5-14**のように配線し，取り付けたD_4とD_5をバイパスします．

D_4とD_5は第6章の11石アンプで使うので，付けたままにします．9石アンプに不要なD_4とD_5を取り付けた理由は，ジャンパJ_{19}の配線を忘れた場合に，Q_8とQ_9に大電流が流れ，壊れてしまうからです．

● 電源電圧も変更する

コンプリメンタリ・エミッタ・フォロワの追加で，負荷への電流供給能力は10倍に増えます(最大±12mA)．しかし，最大出力電圧は約1.2V_{P-P}減少します．

そこで電源電圧を9Vに上げます．スイッチングACアダプタを使いたいところですが，ノイズが多いので，9Vの電池006Pを使います．

電池の寿命は間欠使用で100～200時間ぐらいでしょう．電池の極性を間違えるとQ_8，Q_9，D_7，D_8に大きな電流が流れ損傷するので，$+V_{CC}$とGND間の10DDA10(100V/1A程度のダイオードなら何でもよい)で逆電圧を制限します．

5-6 出力電流を大幅に増加できる回路

● エミッタから出力を取り出す

　エミッタ・フォロワ(emitter follower)とは，コレクタ共通回路(第2章コラム参照)の別名で，ベースに信号電圧を印加してエミッタから出力電圧を取り出す回路を指します．

▶NPN型やPNP型を単独で用いたときの波形

　NPN型やPNP型を，単独でエミッタ・フォロワに用いたときの出力電圧波形を図5-15に示します．エミッタ抵抗は1mAの定電流回路に置き換えてあります．二つのトランジスタのベースには片ピーク振幅5Vの正弦波を入力しています．

　負荷抵抗1kΩをつなぐと，NPNエミッタ・フォロワは出力電圧－1Vで飽和し，PNPエミッタ・フォロワは出力電圧＋1Vで飽和しています．エミッタ電流がカットオフすると，負荷に電流を供給する素子は定電流回路だけになるからです．

　出力が飽和しない程度，片ピーク振幅が1V以下の信号電圧をベースに印加したとき，出力電圧は入力電圧とほとんど同じです．つまりゲインはほぼ1倍です．

● NPN型とPNP型を組み合わせて＋方向にも－方向にも大電流を出力する

　NPNエミッタ・フォロワとPNPエミッタ・フォロワを図5-16のように接続した回路を，コンプリメンタリ・エミッタ・フォロワといいます．

　エミッタ・フォロワも，第1章で説明したように適当なバイアス電圧をベースに与えなければなりま

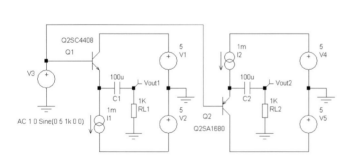

.MODEL Q2SC4408 NPN (IS=2.1E-13 BF=200 BR=28 VAF=100
+ RB=33 IK=1 TF=1.6N TR=137N CJE=200P CJC=36P XTB=1.7)

.MODEL Q2SA1680 PNP (IS=2.9E-13 BF=200 BR=32 VAF=100
+ RB=33 IK=0.4 TF=1.6N TR=64N CJE=150P CJC=60P XTB=1.7)

(a) 回路

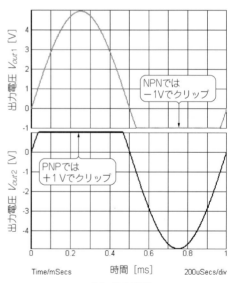

(b) 出力波形

図5-15 エミッタ・フォロワの出力波形(シミュレーション)
NPN型やPNP型だけだと負荷に供給できる正の最大出力電流値と負の最大出力電流値に大差が生じる

せん. **図5-16**の回路では, D_1とD_2のアノード-カソード間電圧をバイアス電圧として利用しています.

▶ アイドリング電流

図5-16のコンプリメンタリ・エミッタ・フォロワは, 回路の対称性から, 無信号時に出力DC電圧はゼロになります. よって, Q_1のコレクタからQ_2のコレクタに電流が流れます. この電流をアイドリング電流といいます. アイドリング電流I_{idle}は次式で与えられます.

$$I_{idle} = \frac{(V_{D1} + V_{D2}) - (V_{BE1} + V_{EB2})}{R_1 + R_2} \quad \text{(5-11)}$$

アイドリング電流を増やすと, ひずみ率が低下しますが, 消費電流と消費電力が増えます. OPアンプICのアイドリング電流は, 数十μA〜数mAぐらいです.

● コンプリメンタリ・エミッタ・フォロワの動作

図5-16の回路において, 片ピーク振幅4.8Vの1kHzサイン波をベースに印加したときのコレクタ電流波形と出力電圧波形を**図5-16(b)**に示します.

図5-16(b)のグラフでコレクタ電流I_{C1}とI_{C2}は交差しています. 交差点の電流がアイドリング電流です. コレクタ電流は, ほとんど半波整流波形ですが, 出力電圧はきれいな正弦波になっています.

▶ ゼロ・バイアスにするとひずむ

図5-17は, ダイオードを省略して両トランジスタのベースを短絡したエミッタ・フォロワです. アイドリング電流がゼロになり, 出力電圧波形に「クロスオーバーひずみ」を生じています.

イントロダクションで, LM358の大きなひずみについてお話をしました. なぜ大きなひずみが発生するか, もうおわかりですね.

LM358はコンプリメンタリ・エミッタ・フォロワのバイアス回路がないので, クロスオーバーひずみが発生するのです.

▶ 9石アンプのアイドリング電流

アイドリング電流はQ_8のエミッタ-Q_9のエミッタ間電圧を測定して200Ωで割ればわかります. 実測値は124.4mVで, アイドリング電流は0.62mAと算出されます.

● エミッタ・フォロワのゲイン

図5-16の入力電圧は片ピーク振幅4.8Vの正弦波で, 出力電圧は片ピーク振幅4.4Vの正弦波ですから, ゲインは約0.9倍です. 一般にエミッタ・フォロワのゲインは0.9〜0.99倍程度です. **図5-18**の小信号等価回路で計算してみましょう.

出力電圧v_{out}は, 負荷抵抗R_LとR_Lに流れるエミッタ電流の変化ぶんΔI_Eの積ですから,

$$v_{out} = \Delta I_E R_L = (\Delta I_B + \Delta I_C) R_L$$
$$= \left(\frac{1}{r_\pi} + g_m \right) \Delta V_{BE} R_L \quad \text{(5-12)}$$

と表されます. 一方, 次式も成り立ちます.

$$\Delta V_{BE} = v_{in} - v_{out} \quad \text{(5-13)}$$

式(5-13)は, 入力電圧と出力電圧を比較し, 誤差をベースにフィードバックする, という意味です. 式(5-13)を式(5-12)に代入してΔV_{BE}を消去, 整理すると, ゲインG［倍］が次のように求められます.

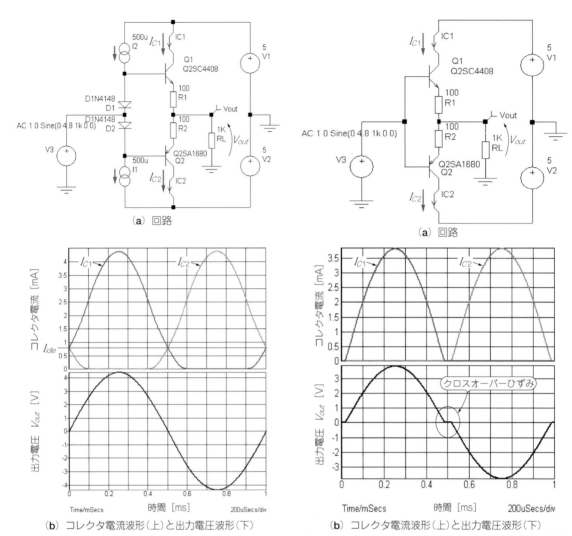

(a) 回路

(b) コレクタ電流波形（上）と出力電圧波形（下）

図5-16　コンプリメンタリ・エミッタ・フォロワの出力波形

NPNとPNPを組み合わせると大きな出力電流がとれる

(a) 回路

(b) コレクタ電流波形（上）と出力電圧波形（下）

図5-17　バイアスなしだとクロスオーバーひずみが発生する

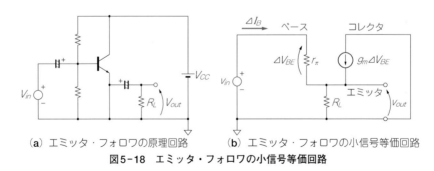

(a) エミッタ・フォロワの原理回路

(b) エミッタ・フォロワの小信号等価回路

図5-18　エミッタ・フォロワの小信号等価回路

$$G = \frac{v_{out}}{v_{in}} = \frac{\left(\dfrac{1}{r_\pi} + g_m\right)R_L}{1 + \left(\dfrac{1}{r_\pi} + g_m\right)R_L} \fallingdotseq \frac{g_m R_L}{1 + g_m R_L} \quad \cdots\cdots\cdots\cdots (5-14)$$

ここで $A = g_m R_L$ とおくと，式(5-14)は，

$$G = \frac{A}{1 + A} \quad \cdots\cdots\cdots\cdots\cdots\cdots\cdots\cdots\cdots\cdots\cdots\cdots\cdots\cdots\cdots (5-15)$$

となります．これはオープン・ループ・ゲインが A の増幅器の出力電圧を全帰還，すなわち帰還率 $\beta = 1$ でフィードバックしたときのクローズド・ループ・ゲインに他なりません．つまり，エミッタ・フォロワ自体が，負帰還増幅器なのです．

　ゲイン G を具体的に計算してみましょう．例えば，エミッタ・フォロワのコレクタ電流が1mAで，負荷抵抗 R_L が1kΩならば，

$$g_m R_L = 38.66 I_C R_L = 38.66$$

ゲイン G［倍］は，

$$G = \frac{38.66}{1 + 38.66} \fallingdotseq 0.975 \text{倍}$$

となります．

5-7　9石アンプの性能

● **ひずみ率特性**

　電源電圧を9Vに上げたことで最大出力電圧が増え，サウンド・デバイスの許容入力電圧を越えてしまいました．

　そこで，**図5-13**のように可変抵抗器10kΩを挿入し，アンプの出力レベルを7dB落としました．すなわち，−10.5dB = 1 V_{RMS} です．

　負荷に1kΩを接続したとき（**図5-13**）のひずみ率特性を**図5-19**に示します．重い負荷にもかかわら

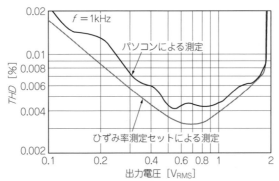

図5-19　9石アンプのひずみ率特性（負荷抵抗として1kΩ付加）
負荷抵抗が1kΩでも低ひずみが得られている

ず，7石アンプより低ひずみです．

● 周波数特性

　測定結果を**図5-11**に示しました．9石アンプの高域の小信号等価回路は7石アンプとほとんど変わりません．しかし，3dBカットオフ周波数は7石アンプより高くなっています．これは，電源電圧を上げたことにより，ダイオードD_1，D_2による定電圧回路の電圧が1.239 Vに増加し，初段のコレクタ電流が増えて初段のg_mが増加したためです．

第5章のまとめ

(1) 差動増幅回路の負荷にカレント・ミラーを用いると，相互コンダクタンスが2倍になる
(2) 高域のオープン・ループ・ゲインは初段g_mと2段目位相補償容量のインピーダンスの積に等しい
(3) エミッタ・フォロワの電圧ゲインはほぼ1倍
(4) コンプリメンタリ・エミッタ・フォロワを加えると負荷への電流供給能力が飛躍的に改善する
(5) コンプリメンタリ・エミッタ・フォロワには適切なベース・バイアス電圧を与えないとクロスオーバーひずみが発生する

第6章

数Ωの負荷も力強く駆動する

スピーカを鳴らせる
11石のパワー・アンプ

最後に製作するのはスピーカを鳴らせる11石アンプです．8Ω負荷で最大出力1～1.5Wをめざします．
11石アンプには2種類あります．

- 単電源(+12V～+18V)を用いるアンプ
- 両電源(±6～±9V)を用いるアンプ

どちらか一つを作ることも，あるいは単電源11石アンプを作って動作を確認したあとに，両電源11
石アンプに改造することもできます．

6-1　単電源11石アンプの製作

回路図を図6-1に，追加部品を表6-1に，部品配置を図6-2に，完成した基板の外観を写真6-1に
示します．

▶抵抗の追加

R_{24}，R_{25}，R_{26}，R_{27}を基板に挿入してはんだ付けする．

▶マイラ・コンデンサの追加

C_9を基板に挿入してはんだ付けする．

写真6-1　完成した単電源11石アンプの外観

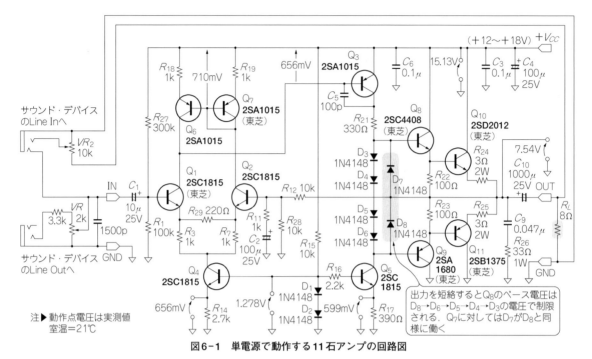

図6-1　単電源で動作する11石アンプの回路図

表6-1　単電源11石アンプへの追加部品

記号	値など	タイプ	取り付け状態
R_{24}, R_{25}	3 Ω	2W J級　酸化金属皮膜（橙黒金金）	基板に挿入
R_{26}	33 Ω	1W J級　酸化金属皮膜（橙橙黒金）	基板に挿入
R_{27}	300 kΩ	1/4W J級　炭素皮膜（橙黒黄金）	基板に挿入
C_9	0.047 μF	フィルム・コンデンサ	基板に挿入
Q_{10}	2SD2012	NPN型パワー・トランジスタ	基板に挿入
Q_{11}	2SB1375	PNP型パワー・トランジスタ	基板に挿入
R_1	100 kΩ	1/4W J級　炭素皮膜（茶黒黄金）	基板裏で配線
R_{28}	10 kΩ	1/4W J級　炭素皮膜（茶黒橙金）	基板裏で配線
R_{29}	220 Ω	1/4W J級　炭素皮膜（赤赤茶金）	基板裏で配線
C_{10}	1000 μF	25 V耐圧　電解コンデンサ	基板に挿入
J_{18}	–	ジャンパ・ピン	J_{18}のピン・ヘッダに挿入

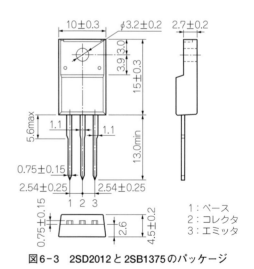

図6-3　2SD2012と2SB1375のパッケージ

▶パワー・トランジスタの追加

　Q_{10}，Q_{11}の2SD2012と2SB1375（図6-3）を基板に挿入してはんだ付けする．

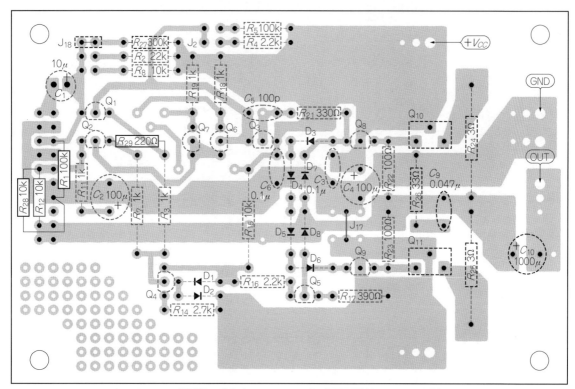

図6-2　単電源で動作する11石アンプの部品配置(裏から見た状態)

▶ジャンパの処理

9石アンプのJ_{13}とJ_{19}を削除，J_1のジャンパ・ピンを抜き，J_{18}に差し込む．

▶基板裏の抵抗

R_1(22 kΩ)を100 kΩに変更する．R_{28}，R_{29}を空中配線する．

▶出力の電解コンデンサの追加

C_{10}を基板に挿入してはんだ付けする．

● 単電源パワー・アンプの電源

電源雑音がR_{27}を通り入力に回り込むので，雑音の少ない電源が望ましいです．

なるべく3端子レギュレータ(＋12～＋18 V，1 A)で安定化します．スイッチングACアダプタでもOKですが，多少ノイズが増えるでしょう．

6-2　両電源用11石アンプの製作

回路図を**図6-4**に，9石アンプからの追加部品を**表6-2**に，実装状態を**図6-5**に，完成した基板の外観を**写真6-2**に示します．

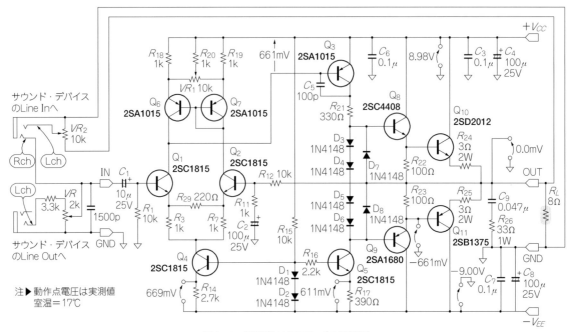

図6-4　両電源11石アンプの回路図

表6-2　両電源11石アンプのために9石アンプに追加する部品

記号	値など	タイプ	取り付け状態
R_{24}, R_{25}	3 Ω	2W J級　酸化金属皮膜（橙黒金金）	基板に挿入
R_{26}	33 Ω	1W J級　酸化金属皮膜（橙橙黒金）	基板に挿入
VR_1	10 kΩ	7mm角半固定抵抗上面調整型	基板に挿入
R_{20}	1 kΩ	1/4W J級　炭素皮膜（茶黒赤金）	基板に挿入
C_9	0.047 μF	フィルム・コンデンサ	基板に挿入
Q_{10}	2SD2012	NPN型パワー・トランジスタ	基板に挿入
Q_{11}	2SB1375	PNP型パワー・トランジスタ	基板に挿入
C_7	0.1 μF	50V耐圧　セラミック・コンデンサ	基板に挿入
C_8	100 μF	25V耐圧　アルミ電解コンデンサ	基板に挿入
R_1	10 kΩ	1/4W J級　炭素皮膜（茶黒橙金）	基板裏で配線
R_{29}	220 Ω	1/4W J級　炭素皮膜（赤赤茶金）	基板裏で配線

写真6-2　完成した両電源11石アンプの外観

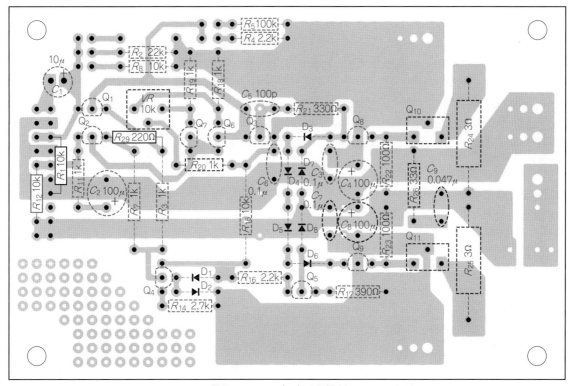

図6-5　両電源11石アンプの部品配置（裏から見た状態）

● 単電源11石アンプを両電源11石アンプに改造する手順

▶ ジャンパの除去

　基板裏の配線 J_{17} と J_{18} のジャンパ・ピンを除去する．

▶ 基板裏の抵抗の処理

　R_1 を 100 kΩ から 10 kΩ に変更する．

▶ 直流電圧調整回路の追加

　VR と R_{20} を基板に挿入してはんだ付けする．

▶ 負電源用コンデンサの追加

　C_7 と C_8 を基板に挿入してはんだ付けする．

● 9石アンプから両電源11石アンプを作る手順

▶ 抵抗の追加

　R_{24}，R_{25}，R_{26} を基板に挿入してはんだ付けする．

▶ マイラ・コンデンサの追加

　C_9 を基板に挿入してはんだ付けする．

▶ 直流電圧調整回路の追加

　　VR と R_{20} を基板に挿入してはんだ付けする.

▶ パワー・トランジスタの追加

　　Q_{10}, Q_{11} の 2SD2012 と 2SB1375 を基板に挿入してはんだ付けする

▶ 負電源用コンデンサの追加

　　C_7 と C_8 を基板に挿入してはんだ付けする.

▶ ジャンパの処理

　　9石アンプの J_{13}, J_{17}, J_{19} を削除, ジャンパ・ピンはすべて抜く.

▶ 基板裏の抵抗

　　R_1（22 kΩ）を 10 kΩ に変更し, R_{29} を空中配線する.

● 両電源用パワー・アンプの電源

　　下記の4種類の電源が使えます.

　　　①スイッチングACアダプタ（6〜9 V, 1〜2 A）×2
　　　②3端子レギュレータ（±6〜±9 V, 1 A）
　　　③一般的なスイッチング電源
　　　④非安定化電源

　　コストの点で①を推奨します.

6-3　回路の概要

　　図6-6(a)にブロック図を示します. 9石アンプとの違いは初段のエミッタにある抵抗と出力段だけです.

　　汎用OPアンプと同じ構成で, 図6-6(b)または図6-6(c)のように帰還回路をつくり, 直流電圧やゲインを設定しています.

● 大電力出力が可能な出力段の問題

▶ 発熱がある

　　出力段の役割は, 電源からエネルギーをもらい, それを信号情報とあわせて負荷に送ることです.

　　このとき, エネルギーの一部が出力段で消費され, 熱になります. これまでのアンプも熱を出しますが, 発熱が少ないので問題になりませんでした.

　　出力段で発生した熱は, Q_{10} と Q_{11} の温度（正確に言うとPN接合の温度）を上昇させます. 定格温度を越えると, トランジスタが回復不可能な損傷を受けます.

▶ トランジスタの電流供給能力

　　話を簡単にするため, 出力電圧 $V_O(t)$ を次のように周波数 f の正弦波,

$$VO(t) = V_P \sin(2\pi ft) \tag{6-1}$$

とすると, 出力電流 I_O は次式で与えられます.

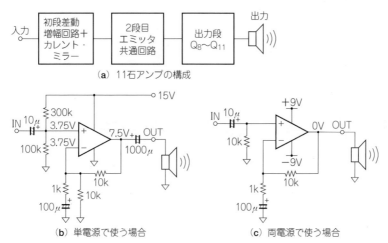

（a）11石アンプの構成

（b）単電源で使う場合

（c）両電源で使う場合

図6-6　11石アンプの基本構成

表6-3　パワー・トランジスタ2SD2012と2SB1375の最大定格

項　　目		記号	定　格	単位
コレクタ-ベース間電圧		V_{CBO}	60	V
コレクタ-エミッタ間電圧		V_{CEO}	60	V
エミッタ-ベース間電圧		V_{EBO}	7	V
コレクタ電流		I_C	3	A
ベース電流		I_B	0.5	A
コレクタ損失	$T_a = 25℃$	P_C	2.0	W
	$T_C = 25℃$		25	
接合温度		T_j	150	℃
保存温度		T_{stg}	$-55 \sim 150$	℃

$$I_O(t) = \frac{V_P \sin(2\pi ft)}{R_L} \quad\cdots\cdots (6\text{-}2)$$

R_Lは負荷抵抗で，**図6-1**または**図6-4**のOUT端子‐GND端子に外付けされる抵抗のことです．スピーカの場合は，ボイス・コイルの抵抗値になります．

出力電力P_Oは，次式のように，瞬時電力$[V_O(t) \times I_O(t)]$の時間平均です．

$$P_O = \frac{1}{T}\int_0^T V_O(t)\,I_O(t)\,dt \quad\cdots\cdots (6\text{-}3)$$

ただし，T：正弦波の周期$(=1/f)$

式$(6\text{-}1)$と式$(6\text{-}2)$を式$(6\text{-}3)$に代入して積分すると，

$$P_O = \frac{V_P{}^2}{2R_L}\;[\text{W}] \quad\cdots\cdots (6\text{-}4)$$

となります．負荷抵抗R_Lが8Ω，出力電力P_Oが1Wならば，片ピーク出力電圧V_Pは式$(6\text{-}4)$から，

$$V_P = \sqrt{2R_L P_O} = \sqrt{2 \times 8 \times 1} = 4\ \text{V} \quad\cdots\cdots (6\text{-}5)$$

です．1W出力時の出力電流の片ピーク振幅I_Pは，

$$I_P = \frac{V_P}{R_L} = \frac{4}{8} = 0.5 \text{ A} \quad \cdots\cdots\cdots\cdots\cdots\cdots\cdots\cdots\cdots\cdots\cdots\cdots\cdots\cdots\cdots (6\text{-}6)$$

となります．よってコレクタ電流を 0.5 A 以上流せるトランジスタが必要です．入手性のよい 2SD2012 と 2SB1375（**表6-3**）を用います．

6-4 低負荷抵抗に対応した出力段

実際の回路（**図6-4**）の出力段から保護ダイオードとパスコンを省いたものを**図6-7**に示します．

4個のトランジスタはいずれもエミッタ・フォロワです．Q_8 と Q_{10}，あるいは Q_9 と Q_{11} の接続のされかたに注目してください．

▶二つのトランジスタを一つのトランジスタのように動作させる接続

図6-8のように，二つのトランジスタのコレクタどうしを接続し，Q_1 のエミッタを Q_2 のベースに接続したものを「ダーリントン接続」と言います．シドニー・ダーリントン（Sidney Darlington）が 1953 年に考案した回路です[14]．

二つのトランジスタを結合し，あたかも一つのトランジスタのように動作させる接続法です．

ダーリントン接続の電流増幅率は，二つのトランジスタの電流増幅率の積にほぼ等しくなります．

● 2段目に与える影響が少ない増幅段になっている

コレクタ電流定格の大きなトランジスタが必要なことは先述しましたが，なぜ9石から11石にトランジスタの数を増やしたのでしょうか．

その理由は，2段目からみた負荷抵抗，すなわちエミッタ・フォロワの入力インピーダンスにあります．

▶エミッタ・フォロワの入力インピーダンス

エミッタ・フォロワは電圧ゲインが1倍弱ですが，それを補って余りある特徴をもちます．それは「エミッタ共通回路よりはるかに高い入力インピーダンスをもつ」というものです．小信号等価回路（**図6-9**）を見てください．

エミッタ・フォロワの入力インピーダンス Z_{in} は，

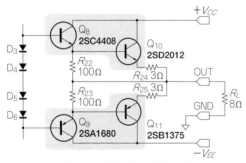

図6-7　11石アンプの出力段

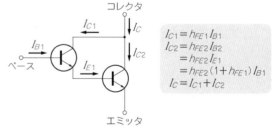

電流増幅率 $\dfrac{I_C}{I_{B1}} = h_{FE1} + h_{FE2} + h_{FE1}h_{FE2} \fallingdotseq h_{FE1}h_{FE2}$

図6-8　ダーリントン接続

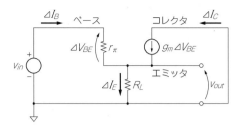

図6-9 エミッタ・フォロワの小信号等価回路

$$Z_{in} = \frac{V_{in}}{\Delta I_B} = \frac{\Delta V_{BE} + V_{out}}{\Delta I_B} = \frac{r_\pi \Delta I_B + R_L \Delta I_E}{\Delta I_B} = r_\pi + R_L \frac{\Delta I_E}{\Delta I_B} \quad\cdots\cdots(6\text{-}7)$$

ここで,

$$\Delta I_E = \Delta I_B + \Delta I_C = (1 + h_{fe})\, \Delta I_B$$

これを式(6-7)に代入し,

$$Z_{in} = r_\pi + (1 + h_{fe})R_L \fallingdotseq h_{fe}R_L \quad\cdots\cdots\cdots\cdots\cdots\cdots\cdots(6\text{-}8)$$

となります. すなわち, エミッタ・フォロワの入力インピーダンスは, 小信号電流増幅率 h_{fe} と負荷抵抗 R_L の積となります.

　今回は負荷 R_L に8Ωを想定しているので, h_{fe} が100とすると, 単純に計算すれば入力インピーダンスは800Ωになります.

　負荷が小さい場合, r_π が無視できないので, この800Ωという値は正しくありません. しかし, 7石アンプが負荷1kΩでひずんでいた(図5-12参照)ことを考えると, 小さすぎることがわかります.

▶ 11石アンプに採用した回路の入力インピーダンス

　図6-7に示す出力段は, ダーリントン接続トランジスタをエミッタ・フォロワで使っているので, この回路を「ダーリントン・エミッタ・フォロワ」と呼びます. その入力インピーダンスは, 式(6-8)の小信号電流増幅率 h_{fe} を, Q_8 の h_{fe} と Q_{10} の h_{fe} の積に置き換えたものになります. すなわち,

$$Z_{in} \fallingdotseq h_{fe8} h_{fe10} R_L \quad\cdots\cdots\cdots\cdots\cdots\cdots\cdots\cdots\cdots\cdots\cdots\cdots(6\text{-}9)$$

h_{fe} の値はばらつきますが, 仮に $h_{fe8} = 120$, $h_{fe10} = 50$ とすれば,

$$Z_{in} = 120 \times 50 \times 8 = 48\ \text{k}\Omega$$

となります. この値が2段目(Q_3)の負荷になります.

6-5 出力段は発熱に対する検討が必要

● 11石アンプの出力段はB級動作する

　出力段は発熱し, 許容限度を越えると壊れます. どの程度の発熱があるかを見積もる必要があります.

　まず, 図6-10の回路をシミュレーションすると, パワー・トランジスタ(Q2SD2012とQ2SB1375)のコレクタ電流は正弦波の半波整流波形になっています.

　このように, コレクタ電流が交流信号の一周期の50%の期間だけ流れ, 50%の期間はカットオフする(ゼロになる)動作をB級動作と言います. これに対し, コレクタ電流が常に流れる動作をA級動作と言います. B級はA級より消費電力が少ないので, パワー・アンプの出力段は一般にB級にします.

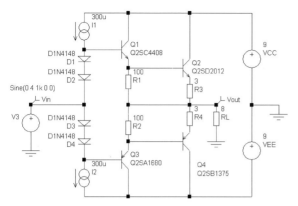

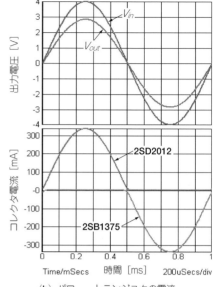

.MODEL Q2SD2012 NPN (IS=1.5E-12 BF=300 BR=19 VAF=100 IKF=0.7 IKR=0.25 RB=7
+   XTB=1.7 MJC=0.38 CJC=95p CJE=200p TF=53N TR=1010N)

.MODEL Q2SB1375 PNP (IS=2.9E-12 BF=150 BR=5.3 RB=8 VAF=100 TF=18N TR=660N
+   CJC=180P CJE=240P XTB=1.7 IK=1.5)

.MODEL Q2SC4408 NPN (IS=2.1E-13 BF=200 BR=28 VAF=100 RB=33 IK=1
+   TF=1.6N TR=137N CJE=200P CJC=36P XTB=1.7)

.MODEL Q2SA1680 PNP (IS=2.9E-13 BF=200 BR=32 VAF=100 RB=33 IK=0.4
+   TF=1.6N TR=64N CJE=150P CJC=60P XTB=1.7)

(a) 回路 　　　　　　　　　　　　 (b) パワー・トランジスタの電流

図6-10　B級動作する出力段のふるまい(シミュレーション)
上下のトランジスタがそれぞれ正弦波の半波を担当する

▶ B級動作をさせるバイアスの作りかた

　図6-10(a)で V_{in} をゼロにして R_L (8Ω)を開放したとき，Q_2 のエミッタ〜Q_4 のエミッタ間電圧が50 mVぐらいになるように，Q_1 のベース-Q_3 のベース間電圧(つまり4個のダイオード電圧の合計)を定めれば，ほぼB級動作になります．図6-10の場合は定電流源 I_1 と I_2 の値を300 μA とすれば，ほぼB級動作になります．

● B級動作時のパワー・トランジスタの消費電力

　図6-10の Q_2 の消費電力を計算しましょう．話を簡単にするため，出力電圧は周波数 f の正弦波と仮定します．

　Q_2 の消費電力 P_C は，Q_2 の瞬時コレクタ損失，すなわち $V_{CE}(t)I_C(t)$ の時間平均です．

　図6-10のグラフに示すように，Q_2 のコレクタ電流は $0.5\,\mathrm{ms} < t < 1\,\mathrm{ms}$ においてゼロ，正弦波の周期 T を用いると $T/2 < t < T$ においてゼロです．よって，

$$P_C = \frac{1}{T}\int_0^{T/2} V_{CE}(t)\,I_C(t)\,dt \cdots\cdots\cdots\cdots\cdots\cdots\cdots\cdots\cdots\cdots\cdots (6\text{-}10)$$

となります．ここで，Q_2 のコレクタ-エミッタ間電圧 $V_{CE}(t)$ は，次式で表されます．

$$V_{CE}(t) = V_{CC} - V_E(t) \cdots\cdots\cdots\cdots\cdots\cdots\cdots\cdots\cdots\cdots\cdots\cdots\cdots\cdots (6\text{-}11)$$

　　ただし，$V_E(t)$：Q_2 のグラウンド対エミッタ間電圧

　そして $0 \leq t \leq T/2$ の期間，エミッタ電流は R_3 (3Ω)を通り負荷 R_L (8Ω)に流入します．ここで，

$$R_3 = R_4 = R_E = 3\,\Omega$$

とおくと，Q_2 のエミッタから見た負荷抵抗は，

$$R_E + R_L = 3 + 8 = 11\ \Omega \quad \cdots\cdots\cdots\cdots\cdots\cdots\cdots\cdots\cdots\cdots\cdots (6\text{-}12)$$

です．そして，$0 \leq t \leq T/2$ において，Q_2 のエミッタ電流は $V_E(t)/(R_E + R_L)$ となります．ここで，

$$V_E(t) = V_P \sin(2\pi ft) = V_P \sin\theta \quad \cdots\cdots\cdots\cdots\cdots\cdots\cdots\cdots (6\text{-}13)$$

とおくと，式(6-11)は，

$$V_{CE} = V_{CC} - V_P \sin\theta \quad \cdots\cdots\cdots\cdots\cdots\cdots\cdots\cdots\cdots (6\text{-}14)$$

と表せます．一方，エミッタ電流は，

$$I_E = V_P \sin\theta / (R_E + R_L) \quad \cdots\cdots\cdots\cdots\cdots\cdots\cdots\cdots (6\text{-}15)$$

となり，そしてコレクタ電流はエミッタ電流にほぼ等しいので，次式が成り立ちます．

$0 \leq \theta \leq \pi$ において，

$$I_C = V_P \sin\theta / (R_E + R_L) \quad \cdots\cdots\cdots\cdots\cdots\cdots\cdots\cdots (6\text{-}16)$$

式(6-14)と式(6-16)を式(6-10)に代入すると Q_2 の消費電力 P_C は，

$$P_C = \frac{1}{2\pi}\int_0^\pi (V_{CC} - V_P \sin\theta)\frac{V_P \sin\theta}{R_E + R_L}d\theta = \frac{V_{CC}V_P}{\pi(R_E + R_L)} - \frac{V_P^2}{4(R_E + R_L)} \quad \cdots\cdots (6\text{-}17)$$

となります．式(6-17)は明らかに V_P の2次関数で，

$$V_P = \frac{2}{\pi}V_{CC}$$

において，消費電力 P_C が最大になります．出力最大のときではありません．このときの最大消費電力は，

$$P_{C\max} = \frac{1}{R_E + R_L}\left(\frac{V_{CC}}{\pi}\right)^2 = \frac{1}{3+8}\times\left(\frac{9}{3.14}\right)^2 \fallingdotseq 0.75\ \text{W} \quad \cdots\cdots\cdots\cdots (6\text{-}18)$$

となります．

2SD2012の許容消費電力(コレクタ損失)は，放熱器を付けないときで2W(**表6-3**参照)ですから，十分な余裕があります．

● **最大出力電力**

図6-4に戻りましょう．OUT端子-GND端子間に8Ωの負荷抵抗を接続したときのOUT端子の最大出力電圧 $V_{O\max}$ は，次式で与えられます．

$$V_{O\max} = V_{E\max}\frac{8}{R_{24} + 8} = V_{E\max}\times\frac{8}{11} \quad \cdots\cdots\cdots\cdots\cdots\cdots\cdots (6\text{-}19)$$

ただし，$V_{E\max}$：Q_{10} の最大エミッタ電圧

$V_{E\max}$ は次式で与えられます．

$$\begin{aligned}V_{E\max} &= V_{CC} - |V_{CE3(\text{sat})}| - R_{21}I_{C5} - V_{BE8} - V_{BE10}\\&= V_{CC} - 0.15 - 0.55 - 0.7 - 0.7\\&= V_{CC} - 2.1\end{aligned}$$

これを式(6-19)に代入すると，次式が得られます．

$$V_{O\max} = (V_{CC} - 2.1)(8/11)$$

最大出力電力 $P_{O\max}$ は，式(6-4)に $V_P = V_{O\max}$ および $R_L = 8$ を代入し，

$$P_{O\max} = \frac{(V_{CC} - 2.1)^2(8/11)^2}{2\times 8} = \frac{4}{121}(V_{CC} - 2.1)^2$$

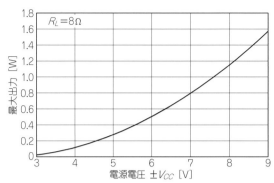

図6-11 両電源11石アンプの最大出力電力(計算値)

となります(図6-11).

6-6 発熱による動作点の危険な変動

$R_{24} = R_{25} = 3\,\Omega$ は，明らかに最大出力電圧と最大出力電力の低下をもたらします．この値を小さくすれば出力が増えるはずです．しかし，$3\,\Omega$ 以下にすべきではありません．値を小さくしすぎると「熱暴走」(thermal runaway)を起こすからです．

● 発熱が電流増大を招く悪循環

図6-4を見てください．パワー・トランジスタ2SD2012と2SB1375のアイドリング電流 I_{idle} は，次式で与えられます．

$$I_{idle} = \frac{V_{D3}+V_{D4}+V_{D5}+V_{D6} - (V_{BE8}+V_{BE10}+V_{EB11}+V_{EB9})}{R_{24} + R_{25}} \quad\text{……………………}(6\text{-}20)$$

したがって，無信号時にも $I_{idle}V_{CE10}$ ［W］の熱が2SD2012から発生し，$I_{idle}V_{CE11}$ ［W］の熱が2SB1375から発生します．すると，

両トランジスタのPN接合の温度が上昇する

→Q_{10} のベース-エミッタ間電圧 V_{BE10} と Q_{11} のエミッタ-ベース間電圧 V_{EB11} の低下する(第2章の図2-7参照)

→式(6-20)によりアイドリング電流 I_{idle} が増加する

→Q_{10} と Q_{11} のPN接合温度がさらに増加する

という循環的な経過をたどり，両トランジスタの温度が上昇していきます．

第2章で説明したように，トランジスタのエミッタに挿入した R_{24} と R_{25} は，コレクタ電流の増加を抑えるように働きます．

しかし，$R_{24} + R_{25}$ の値があまりにも小さいと抑制が効かず，アイドリング電流の増加とトランジスタの温度上昇が際限なく続いてトランジスタが壊れてしまいます．これを熱暴走と言います．

シミュレーションで確かめてみましょう．

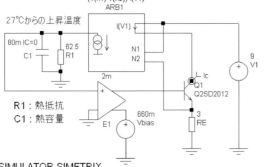

```
.SIMULATOR SIMETRIX
.TRAN 50 SWEEP DEVICE=RE LIST 800m 1 1.5 2 3
.MODEL Q2SD2012 NPN (IS=1.5E-12 BF=300 BR=19
VAF=100 IKF=0.7 IKR=0.25 RB=7
+          XTB=1.7 MJC=0.38 CJC=95p CJE=200p
TF=53N TR=1010N)
.SIMULATOR DEFAULT
```

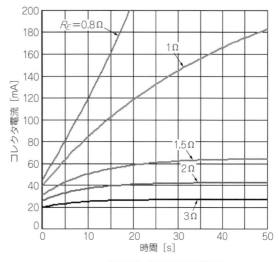

（a）回路　　　　　　　　　　　　（b）コレクタ電流の時間変化

図6-12　アイドリング電流の時間経過のシミュレーション
3Ωなら確実に熱暴走しないことがわかる

● **アイドリング電流の時間経過のシミュレーション**

一般に温度が上昇すると，I_C-V_{BE}曲線が第2章の図2-7に示すように約$-2\,\mathrm{mV/℃}$の割合で左へシフトします．**図6-12**のシミュレーションではI_C-V_{BE}曲線を固定し，バイアス電圧V_{bias}を$2\,\mathrm{mV/℃}$の割合で増加させています[15]．つまり第2章の図2-7の右下がり直線を$2\,\mathrm{mV/℃}$の割合で右へシフトさせています．

▶ **3Ωの場合は安定する**

図6-12（b）はアイドリング電流の経過です．$R_{24} = R_{25} = R_E = 0.8\,\Omega$の場合は，熱暴走していることがわかります．$R_{24} = R_{25} = R_E = 3\,\Omega$の場合は，20秒で27\,mAに収束しています．なお，実測アイドリング電流は23\,mAでした．

6-7　雑音やひずみを減らす技術

● **負帰還をかけるとひずみや雑音が減少する**

負帰還は，誤差を検出し，誤差を自動的に減少させる制御技術です．昔から知られている技術で，18世紀のワットの蒸気機関にも使われています．

H. S. ブラック（Harold S.Black）は，この技術を増幅器に導入し，負帰還増幅器を発明しました．1927年のことで，目的は電話の中継増幅器のひずみや雑音を減らすためでした．

負帰還によって，ひずみや雑音が減少するメカニズムを**図6-13**で説明します．**図6-13**はブラックが示した説明図[16][17][18]を現代風に書き直したものです．

そもそも増幅器が「ひずみ」を生じるのは，入力と出力の関係が非線形なためですが，それを忠実に定式化すると非線形微分方程式になってしまい，解くのが難しくなります．

そこで増幅器の出力電圧を，**図6-13**のように「ゲインAの理想線形増幅器」の出力に，外部から「ひずみ成分V_D」が加算(重畳)されたものとみなします．

また，雑音は外部(例えば電源)から増幅器の内部に回り込むものや増幅器の内部で発生するものがありますが，それらを全部ひっくるめて**図6-13**のように「雑音成分V_N」が「理想増幅器」の出力に加算されると考えます．

図6-13のβは帰還回路網のゲインで帰還率と呼ばれます．すなわちβは(帰還回路網の出力電圧/帰還回路網の入力電圧)です．

帰還回路網は増幅器の出力電圧を精密に減衰させるものです．例えば帰還回路網を**図6-13(b)**のように二つの抵抗で構成すれば，

$$\beta = \frac{R_1}{R_1 + R_2} \quad\cdots\cdots\cdots\cdots\cdots\cdots\cdots\cdots\cdots\cdots\cdots\cdots\cdots\cdots\cdots\cdots\cdots (6\text{-}21)$$

となります．

雑音やひずみを含んだ出力電圧V_{out}を帰還回路網で減衰させ，帰還回路網の出力電圧βV_{out}を入力電圧V_{in}から引くと誤差電圧V_Eが検出されます．

$$V_E = V_{in} - \beta V_{out} \quad\cdots\cdots\cdots\cdots\cdots\cdots\cdots\cdots\cdots\cdots\cdots\cdots\cdots\cdots\cdots\cdots\cdots (6\text{-}22)$$

誤差電圧は理想増幅器でA倍され，その出力電圧に，ひずみ電圧V_Dと雑音電圧V_Nが加算されて，実際の出力電圧V_{out}となります．すなわち，

$$V_{out} = V_E A + V_D + V_N \quad\cdots\cdots\cdots\cdots\cdots\cdots\cdots\cdots\cdots\cdots\cdots\cdots\cdots\cdots (6\text{-}23)$$

式(6-22)を式(6-23)に代入してV_Eを消去すると，

$$V_{out} = (V_{in} - \beta V_{out})A + V_D + V_N$$

これを整理すると，次式が得られます．

$$(1 + A\beta) V_{out} = A V_{in} + V_D + V_N$$

ゆえに，

$$V_{out} = \frac{A}{1 + A\beta} V_{in} + \frac{V_D + V_N}{1 + A\beta} \quad\cdots\cdots\cdots\cdots\cdots\cdots\cdots\cdots\cdots\cdots\cdots (6\text{-}24)$$

$1 + A\beta$を帰還量と言います．負帰還によって本来のゲインAが$A/(1 + A\beta)$になり，ひずみV_Dと雑音V_Nも$1/(1 + A\beta)$になります．つまり，ゲインとひずみと雑音がいずれも「1/帰還量」に減少しま

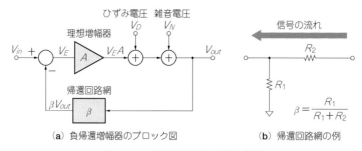

（a）負帰還増幅器のブロック図　　　　　（b）帰還回路網の例

図6-13　負帰還増幅器の基本構成

す.

● 負帰還によりゲインが安定化される

ここで帰還量$1 + A\beta$が1より十分に大きいならば,式(6-24)は次のように近似できます.

$$V_{out} \fallingdotseq \frac{1}{\beta} V_{in} + \frac{V_D + V_N}{1 + A\beta} \quad \cdots\cdots\cdots\cdots\cdots\cdots\cdots\cdots\cdots\cdots\cdots\cdots\cdots\cdots\cdots\cdots\cdots\cdots (6\text{-}25)$$

一般に,A(オープン・ループ・ゲイン)は,温度や電源電圧に依存して変動します.

しかし,帰還量を十分に大きくすれば,帰還後のゲイン(クローズド・ループ・ゲイン)は帰還回路網の素子定数だけで決まり,ゲインは安定化されます.

● 負帰還により動作点も安定化される

オープン・ループ・ゲインAと帰還率βの積,すなわち$A\beta$をループ・ゲインと言います.

ループ・ゲインの周波数特性がDCまで伸びていれば,増幅器の動作点も負帰還によって安定化されます.

第2章において,反復計算法で動作点を計算しましたが,この方法が有効だったのは,じつは直結によってループ・ゲインが直流まで伸びていたからです.

図6-13のように増幅器の出力から増幅器の入力に戻る帰還を「オーバーオール負帰還(overall negative feedback)」と言います.オーバーオール負帰還をかけても安定化できない動作点もあります.その場合は,回路の一部だけに作用する局部帰還(local feedback)を併用します.エミッタに抵抗を挿入して動作点を安定化する手法は典型的な局部帰還です.

局部帰還のある回路は,局部帰還の作用する部分をブラック・ボックス化して回路から隠すと,全体像がよく見えます.

6-8 11石アンプのゲインと周波数特性の予測

図6-4の11石アンプの高域における小信号等価回路(図6-14)を使えば,ゲインと周波数特性を計算できます.

▶ 能動負荷差動増幅回路の実質g_m

図6-1および図6-4のQ_1とQ_2のエミッタに接続したR_3,R_7,R_{29}は,カレント・ミラー負荷差動増幅回路の実質g_mすなわち$(\Delta I_{C1} - \Delta I_{C2})/V_{dif}$を下げるための抵抗です.

エミッタ-エミッタ間にRを挿入したときの実質g_mは,次式で与えられます.

$$g_m = \frac{\Delta I_{C1} - \Delta I_{C2}}{V_{dif}} = \frac{2}{\dfrac{1}{g_{m1}} + R + \dfrac{1}{g_{m2}}} \quad \cdots\cdots\cdots\cdots\cdots\cdots\cdots\cdots\cdots\cdots\cdots (6\text{-}26)$$

ただし,g_{m1}:Q_1の相互コンダクタンス$(\Delta I_{C1}/\Delta V_{BE1})$,$g_{m2}$:$Q_2$の相互コンダクタンス$(\Delta I_{C2}/\Delta V_{BE2})$,$R$:エミッタ～エミッタ間抵抗

$$R = R_{29} /\!/ (R_3 + R_7) = 198\,\Omega \quad \cdots\cdots\cdots\cdots\cdots\cdots\cdots\cdots\cdots\cdots\cdots\cdots\cdots\cdots\cdots (6\text{-}27)$$

なお,g_{m1}とg_{m2}は第2章の式(2-18)または式(2-19)で計算します.式(2-18)を用いると,

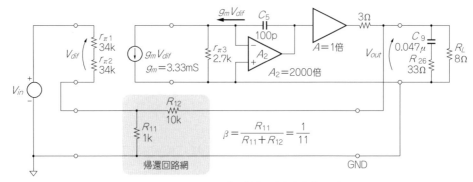

図6-14 11石アンプの高域の小信号等価回路

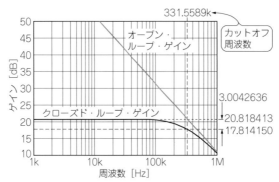

図6-15 11石アンプの周波数特性（図6-14によるシミュレーション）

$$g_{m1} = g_{m2} = 40 \times 0.124 \times 10^{-3} = 4.96 \text{ mS}$$

となります．

▶出力段の入力インピーダンス

　これは2段目の負荷抵抗になりますが，十分に大きな値なので，高い周波数では無視できます．

▶出力段のゲイン

　エミッタ・フォロワのゲインは1倍とみなせますが，Q_{10}あるいはQ_{11}のエミッタ抵抗と，OUT端子－GND端子間に外付けされた負荷抵抗R_L（$=8\,\Omega$）が分圧回路を形成するので，**図6-14**のようにエミッタ抵抗3Ωを小信号等価回路に反映させます．

▶周波数特性

　図6-14の小信号等価回路をシミュレーションでAC解析した結果を**図6-15**に示します．クローズド・ループ・ゲインの高域－3dBカットオフ周波数は，331kHzとなっています．

6-9 11石アンプの実際の特性

　11石アンプにダミー・ロード（疑似負荷）として，8Ω5Wの酸化金属皮膜抵抗をつなぎます．8.2Ω

や10Ωでも OK です．カーボン（炭素皮膜）抵抗は発火の恐れがあるので，絶対に避けてください．

● 安全のためにヒューズかポリスイッチを使う

最初は，電源とプリント基板の間に0.5 A のヒューズまたはポリスイッチを挿入して，電源を投入します．WaveGene で発生させた1 kHz 正弦波をアンプに入力し，アンプの出力波形を WaveSpectra で観測します．きれいな正弦波ならば，ヒューズやポリスイッチを除き，ひずみ率を測定します．

実用アンプとして使用される場合は，ヒューズまたはポリスイッチをつないだままにしてください．出力電流を制限するダイオード（D_7 と D_8）を付けてありますが，短絡状態のまま10秒以上信号を入力すると，出力トランジスタ Q_{10} や Q_{11} が破壊するでしょう．負荷の短絡は絶対に避けてください．

● 両電源アンプはオフセット・ゼロ調整をする

両電源アンプ（図6-4）の場合は，出力端子の DC 電圧が0 V になるよう，プリント基板の半固定抵抗 VR_1 を調整してください．±1 mV 以内に追い込めるはずです．もし追い込めないときは R_{29} の値を増やしてください．

● ひずみ率特性

ひずみ率測定セットによる測定結果を図6-16に示します．0.01～0.8 W の範囲では0.01％台です．まずまずの特性と言えるでしょう．

なお，単電源アンプ（図6-2）は＋15 V の3端子レギュレータ7815で安定化した電源を用いたときの特性で，ノンクリップ最大出力は1 W です．

両電源アンプ（図6-4）は，＋9 V のスイッチング AC アダプタを2個用いたときの特性です．±9 V の3端子レギュレータで安定化したときのひずみ率特性とまったく同じです．ノンクリップ最大出力は1.5 W で，ほぼ予測どおりです．

● 周波数特性

実測した周波数特性を図6-17に示します．高域の周波数特性は単電源アンプと両電源アンプに差は

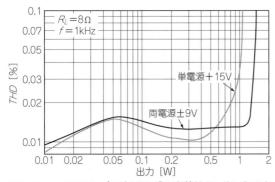

図6-16　11石アンプの実測ひずみ率特性（ひずみ率測定セットによる実測）

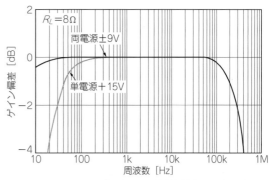

図6-17　11石アンプの実測周波数特性（周波数特性測定セットによる実測）
両電源のほうが出力コンデンサがないので低域まで伸びる

ありません．しかし，低域特性は大差があります．

　単電源アンプの周波数特性が悪いのは，出力端子に接続されたDCカット用の$C_{10} = 1000\,\mu\mathrm{F}$と負荷抵抗$R_L = 8\,\Omega$によってハイパス・フィルタが作られるためです．$-3\,\mathrm{dB}$カットオフ周波数$f_C\,[\mathrm{Hz}]$の理論値は，

$$f_C = \frac{1}{2\pi R_L C_{10}} = \frac{1}{6.28 \times 8 \times 0.001} \fallingdotseq 20\,\mathrm{Hz}$$

です．実測の20Hzとよく合っています．

　実測の高域$-3\,\mathrm{dB}$カットオフ周波数は図6-17に示すように350kHzで，図6-14の等価回路でシミュレーションした値（331kHz）とよく合っています．

第6章のまとめ

(1) （両電源）B級増幅回路のトランジスタ1石あたりの最大消費電力は，次式で与えられる

$$P_{C\mathrm{max}} = \frac{1}{R_E + R_L}\left(\frac{V_{CC}}{\pi}\right)^2$$

(2) パワー・トランジスタのエミッタ抵抗R_Eの値が小さすぎると，熱暴走をもたらす

(3) エミッタ・フォロワの入力インピーダンスは小信号電流増幅率と負荷抵抗の積

(4) ダーリントン接続で電流増幅率を大きくする

(5) 能動負荷の差動増幅回路の実質g_mは，

$$g_m = \frac{2}{\dfrac{1}{g_{m1}} + R + \dfrac{1}{g_{m2}}}$$

　　　ただし，R：エミッタ-エミッタ間抵抗

(6) 負帰還増幅器の$A\beta$をループ・ゲインと言う．帰還量は$1 + A\beta$である

パソコンを使った波形観測と
ひずみ測定の方法

本書では，波形の観測やひずみ特性を調べるために，パソコンのオーディオ機能を使っています．

みなさんのパソコンが測定に使用できるかどうかを確認し，波形観測に必要なソフトウェアを設定してください．

❶ パソコンに必要な条件を確認する

ステレオ録音が可能なオーディオ入力が必要です．2000年以降に発売されたデスクトップ・パソコンならば，たいてい，ステレオ録音が可能なオーディオ入力（ライン入力）があり，これを利用できます．

オーディオ機能を搭載していないパソコンもあります．ノート・パソコンでは，録音はできてもモノラルのマイク入力だけのことが多いようです．そういった場合は，サウンド・カードやUSB接続のサウンド・デバイスを入手することで測定が可能でしょう．

ただし，USB接続のサウンド・デバイスには，入力と出力を同時に使えないものがあり，今回の測定には使えません．

❷ イコライザやサラウンドの機能を無効にする

パソコンのオーディオ出力には，低音増強，イコライザ，サラウンドなどの機能をもつものがあります．

オーディオ機能が十分な特性かを確認したり（下記❸），測定に使ったりするときには，イコライザを無効にするかフラットに設定します．低音増強やサラウンドも，すべて無効にしておいてください．

❸ オーディオ機能の特性が測定に使えるか確認する

ライン入力とライン出力をケーブルで接続します．

ライン出力の信号をライン入力で取り込み，周波数特性やひずみ率が良好かどうかを確認します．

RMAA（RightMark Audio Analyzer）というフリーのソフトウェア（**図A-1**）を使うと，周波数特性，雑音レベル，ダイナミック・レンジ，全高調波ひずみ率（*THD*），混変調ひずみ率（*IMD*），クロストークを短時間で評価できます．

以下のサイトからダウンロードできます．

http://audio.rightmark.org/download.shtml

ダウンロードしてインストールします．

本書の測定に使ったデスクトップ・パソコンのオーディオ入出力の評価を**図A-2**に示します．

特性の評価は良いほうから順にExcellent，VeryGood，Good，Average，Poorとなります．*THD*を除き，Goodより良ければ問題ありません．*THD*は0.01 %以下であれば今回の特集の測定に使えます．

RMAAは本書の測定には使いません．

❹ **測定に使うフリーのソフトウェアをダウンロードして使える状態にする**

アンプへ入力する信号をライン出力から得るには，WaveGeneというフリーの波形生成ソフトウェアを使います．アンプから出力された信号をライン入力で取り込み評価するには，WaveSpectraというFFT解析ソフトウェアを使います．

WaveSpectraとWaveGeneは，以下のサイトからダウンロードできます．

http://www.ne.jp/asahi/fa/efu/index.html

圧縮を解凍すればすぐ使えます．

❺ **測定を行うためにWaveGeneを設定する**

図A-3に示すように設定します．

- ●Wave1：サイン波，1000 Hz，0 dB，ステレオ（L + R）
- ●Wave2とWave3はOFF
- ●サンプリング周波数：96 kHz（不安定なら48 kHz）

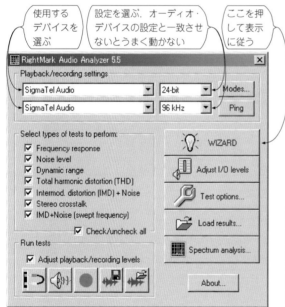

Frequency response (from 40 Hz to 15 kHz), dB:	+0.36, -0.16	Good
Noise level, dB (A):	-90.6	Very good
Dynamic range, dB (A):	87.8	Good
THD, %:	0.0071	Very good
IMD + Noise, %:	0.019	Very good
Stereo crosstalk, dB:	-88.3	Excellent
IMD at 10 kHz, %:	0.030	Good

図A-1　サウンド・デバイスの性能をチェックするソフトウェアRMAAの画面

図A-2　RMAAでサウンド・デバイスの特性をチェックする

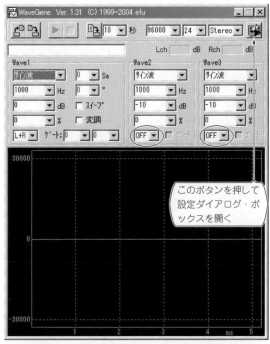

図A-3　測定のためのWaveGeneの設定

WaveGene - 再生デバイス

ドライバ: MME　☑ EXTENSIBLEを使う

再生
デバイス: SigmaTel Audio　使用可能フォーマット
ch:　☑ Volume最大

24ビットのときはここにチェック　閉じる

図A-4　WaveGeneの再生デバイスの設定

●分解能：24ビット（不安定なら16ビット）

24ビットにするときは，必ず「再生デバイス」アイコン（図A-3）をクリックし，現れた設定ダイアログ・ボックスの［EXTENSIBLEを使う］をチェックします（図A-4）．

❻ 測定を行うためにWaveSpectraを設定する

Wave，Spectrum，FFT，再生/録音の設定をします．FFTについては参考文献（4）などを参照ください．

▶Wave

縦軸のスケール倍率を×1，横軸のスケール倍率を×20にします．

▶Spectrum

縦軸のスケールはdB，レンジは120 dBぐらいが見やすいでしょう．横軸はLogにします．

▶FFT

サンプル・データ数を16384，窓関数をブラックマンに設定します．

▶再生 / 録音

［EXTENSIBLEを使う］にチェックします．

再生のデバイスは，使用するサウンド・デバイスを選択し，［Volume最大］にチェックします．

録音のデバイスも，使用するサウンド・デバイスを選択し，フォーマットは96000 s/s（不安定なら48000 s/s），24ビット（不安定なら16ビット），Stereoを選択します．

図A-5　音量の設定を開くダイアログ・ボックス

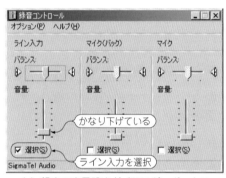

（a）録音の音量設定ダイアログ・ボックス

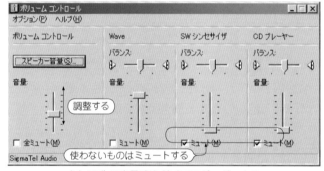

（b）再生の音量設定ダイアログ・ボックス

図A-6　もっとも良い *THD* が得られるように録音と再生のレベルを調整する

❼ 録音レベルや再生レベルを最適に調整する

　録音レベルや再生レベルは可変できるようになっていますが，このレベル設定によって雑音や *THD* の特性が変わります．録音と再生の両方のレベルを調整して，*THD* を最小にしておきます．

▶ レベル調整方法の例

　レベル調整の方法は，サウンド・デバイスによって違います．例としてパソコン内蔵デバイスの場合を説明します．

　［スタート］-［コントロール パネル］-［サウンド，音声，およびオーディオデバイス］-［サウンドとオーディオ デバイス］で，**図A-5**に示すダイアログ・ボックスが現れます．

　図A-5の［音量（V）］ボタンと［音量（O）］ボタンをクリックして現れるダイアログ・ボックス（**図A-6**）で，レベルを調整できます．

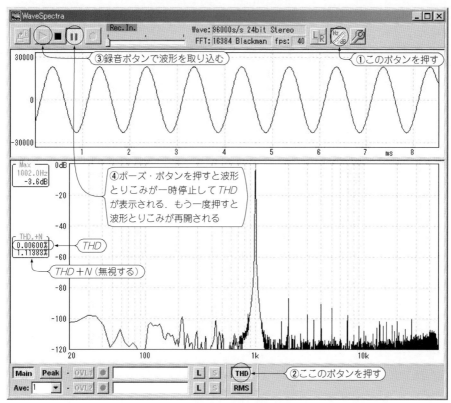

図A-7　WaveSpectraの *THD* を見ながら録音と再生のレベルを調整する

　図A-6のように再生(Line Out)出力を大きめ，録音(Line In)入力レベルを小さめにすると良い結果が得られる場合が多いですが，例外もあります．*THD* が最小になる(図A-7)レベルを根気よく探します．

▶WaveSpectraの *THD* + *N* は無視する

　図A-7で，*THD* は0.00600％ですが，*THD* + *N*(全高調波ひずみ率＋雑音)は1.11％もあります．

　これは，サウンド・デバイスで発生している直流成分が，WaveSpectraの雑音計算に含まれてしまうからです．

　発生源が測定対象ではないうえに，一般的には直流成分を雑音とは解釈しないので，WaveSpectraの *THD* + *N* はいっさい無視して，*THD* だけを見ます．

テスタの交流電圧の測定範囲が広がるアダプタ

　テスタでも交流信号の電圧を測定できますが，数百Hz以上の周波数や，1V以下の微小交流電圧を測定するときは，信頼できないものが多いようです．

　そこで，交流電圧をテスタで測れるようにするアダプタを考えてみました（**写真B-1**）．入力された交流信号の電圧を直流電圧に変換して出力します．DC電圧をテスタで測れば，交流信号の電圧がわかります．

　仕様を**表B-1**に，回路図を**図B-1**に，部品表を**表B-2**に示します．この回路は無調整で働きます．

▶性能はOPアンプによって決まってしまう

　使用するOPアンプには次のような条件が必要です．

　①入力オフセット電圧が小さい
　②ゲイン帯域幅積が高い
　③レール・ツー・レール入出力

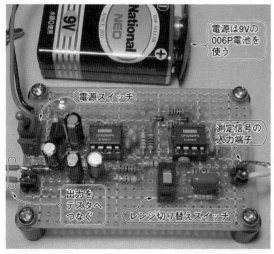

電源は9Vの006P電池を使う

電源スイッチ

測定信号の入力端子

出力をテスタへつなぐ

レンジ切り替えスイッチ

写真B-1　テスタと組み合わせて交流電圧を測るアダプタ

表B-1　交流電圧測定用アダプタの仕様

項　目	値
測定レンジ（アッテネータ 1/1）	$0.03 \sim 1\,\mathrm{V_{RMS}}$
測定レンジ（アッテネータ 1/10）	$0.3\ \sim 10\,\mathrm{V_{RMS}}$
周波数特性（−0.5 dB），入力電圧1 $\mathrm{V_{RMS}}$	$10\,\mathrm{Hz} \sim 1\,\mathrm{MHz}$
周波数特性（−0.5 dB），入力電圧0.1 $\mathrm{V_{RMS}}$	$10\,\mathrm{Hz} \sim 300\,\mathrm{kHz}$
入力インピーダンス	$10\,\mathrm{k\Omega}\ /\!/\ 10\,\mathrm{pF}$
測定誤差	$\pm\,5\,\%$
電源電圧	$+\,9\,\mathrm{V}$ (006P)

表B-2 アダプタの部品表

記 号	値（型名）	数量	仕 様
R_{12}	100 Ω	1	
R_{10}	470 Ω	1	
R_{11}	560 Ω	1	
R_{15}	2.7 kΩ	1	炭素皮膜抵抗，1/4W，J 級
R_7	20 kΩ	1	
R_1	22 kΩ	1	
R_4, R_{13}, R_{14}	2.2 MΩ	3	
R_3, R_5, R_6	1 kΩ	3	
R_2	9.1 kΩ	1	金属皮膜抵抗，1/4W，F 級（精度 ± 1 %）
R_8	10 kΩ	1	
R_9	22 kΩ	1	
C_1	680 pF	1	フィルム・コンデンサ，J 級
C_3	4.7 μF	1	25 V，アルミ電解コンデンサ，無極性
C_4, C_6, C_7	47 μF	3	25 V，アルミ電解コンデンサ
C_2, C_5, C_8, C_9	0.1 μF	4	50 V，セラミック・コンデンサ
D_1, D_2	1N4148	2	小信号スイッチング用
D_3	10DDA10	1	整流用 100 V，1 A　1N4002 でもよい
D_4	LED	1	発光色は自由
IC_1, IC_2	**OPA2350**	2	テキサス・インスツルメンツ
IC_3	**AN8005**	1	5 V/50 mA 低ドロ 3 端子レギュレータ，NJM2930L05 など
SW_1	3P スライド・スイッチ	1	IC 基板用（2.54 mm ピッチ），トグル・スイッチでもよい
SW_2	3P トグル・スイッチ	1	IC 基板用（2.54 mm ピッチ）
基板端子	ピン・ヘッダ，20P	1	10P × 2 列（2P × 2 列に切って使う）
スペーサ	M3，ねじ付属	4	M3 ねじ付き
IC ソケット	8P	2	
プリント基板	ICB-288G	1	サンハヤト製　ユニバーサル基板
電池スナップ	006P 用	1	
電池	006P	1	9V 乾電池（マンガンでもよいがアルカリを推奨）

④全帰還で安定

　入手性を考え，テキサス・インスツルメンツのOPA2350PA（8 ピン DIP 型）を採用しました．特性は以下のとおりです．

　　入力オフセット電圧：最大 ± 500 μV_{max}

　　入力バイアス電流：最大 ± 10 pA_{max}

　　ゲイン帯域幅積：38 MHz

　　スルー・レート：22 V/μs

　　1 ユニットあたりの消費電流：5.2 mA

　IC_2 は，入手可能ならば消費電流がOPA2350PAの約 1/7 と少ないOPA2340PAを推奨します．なお，IC_1 にOPA2340を使うと周波数特性が悪化します．

▶信号経路の抵抗には高精度なものが必要

　R_2，R_3，R_5，R_6，R_8，R_9 は必ず ± 1%（F 級）の金属皮膜型を使います．R_7 はリプル除去にかかわるだけで，測定精度には関与しないので，± 5 % で問題ありません．

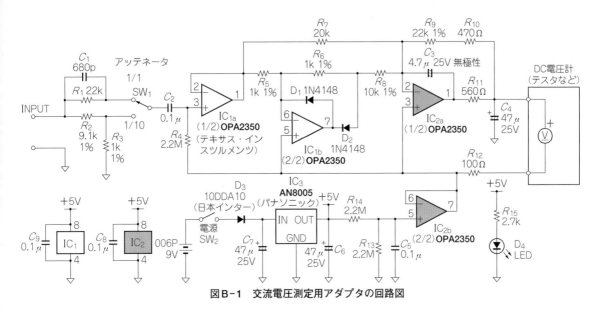

図B-1　交流電圧測定用アダプタの回路図

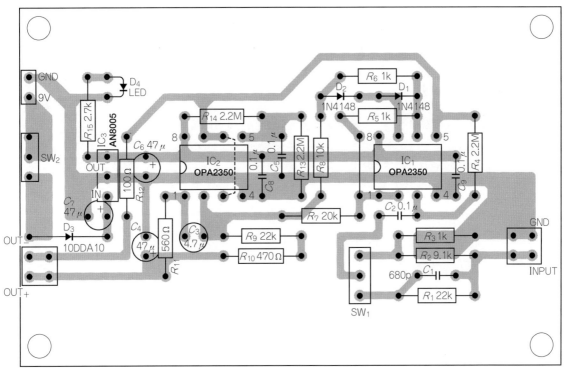

図B-2　アダプタの部品配置（部品面から）

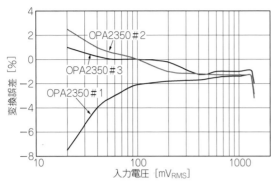

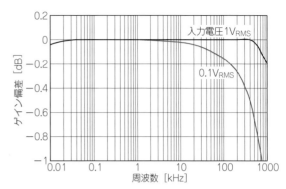

図B-3 0.1 V_RMS 程度までは十分に測れる

図B-4 100 kHz までの信号の電圧を測れる

▶電解コンデンサの容量に注意

C_3は無極性（バイポーラ）電解コンデンサを使います．C_3の静電容量を必要以上に増やすと，リーク電流が増え，直線性が悪化します．指示値が整定するまでの時間も伸びます．4.7 μF を守ってください．

▶DC電圧計

ディジタル・テスタのDCレンジを利用します．

▶電源

006P型の乾電池を使います．OPA2350の耐圧は5.5 V なので，5 V の LDO（Low DropOut）3端子レギュレータ AN8005 で安定化します．電池電圧が6 V になるまで使用可能です．10DDA10 は電池を逆につないだときの保護用です．

▶製作

ユニバーサル基板を使いました．部品配置を図B-2に示します．

▶直線性

IC_1を差し替えたときの特性を図B-3に示します．

アッテネータは1/1です．OPA2350の入力オフセット電圧は500 μV 以下ですが，直線性に大きく影響することがわかります．

▶周波数特性

図B-4に示すように良好です．汎用OPアンプではこうはいきません．

低ひずみ15Wパワー・アンプの設計と製作

第6章で製作したスピーカを鳴らせる11石パワー・アンプの最大出力はたった1.5Wでした．実は，パワー・トランジスタの実力を発揮させれば，もっと大きな出力が得られます．

パワー・トランジスタは，放熱器と呼ばれる，熱を拡散させるための部品に取り付けることで，より大きな電力を扱うことができます．

第6章の11石パワー・アンプに使っているパワー・トランジスタに放熱器を取り付けて，最大出力を15Wに増やしたアンプを製作してみました（**写真1**）．

大出力向けに設計したことで，ひずみ率も大幅に改善し，1kHzで0.002％になっています．

図1に15Wパワー・アンプの回路図を示します．第6章の11石パワー・アンプとほとんど同じですが，次の違いがあります．

- パワー・トランジスタに放熱器を付けている
- パワー・トランジスタのエミッタ抵抗は0.47Ω
- 出力段バイアス回路が改良されている

これらの変更点については，後述します．

追加する部品の一覧を**表1**に示します．

出力電力の大きなアンプには大電力の電源が必要

アンプが出力する電力は，すべて電源回路から供給されています．出力電力を大きくするなら，それだけの電力を供給できる電源回路が必要です．

● トランスを使った電源を使う

今回のパワー・アンプでは，AC100Vをトランスで降圧し，ブリッジ・ダイオードで整流する，古典的な電源（**図2**）を用いました．その理由は，

① 回路が簡単
② 部品が入手しやすい
③ スイッチング電源のような高周波雑音を（ほとんど）発生しない

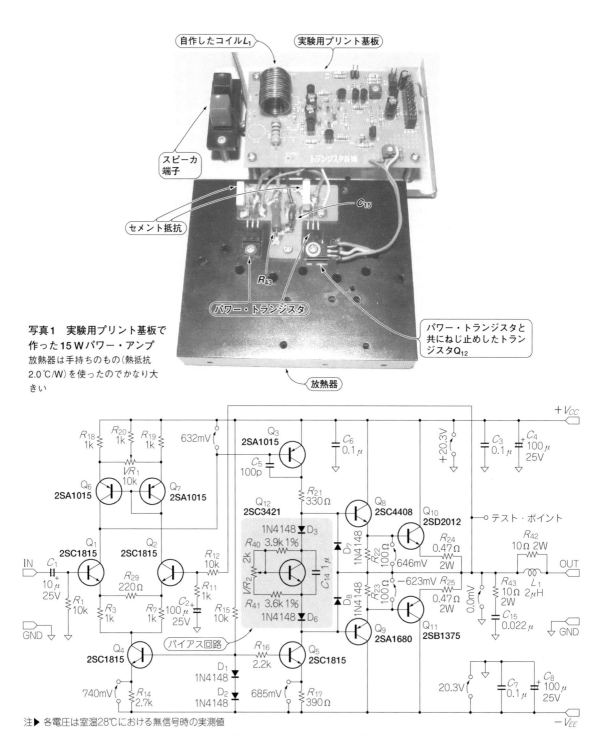

写真1 実験用プリント基板で作った15Wパワー・アンプ
放熱器は手持ちのもの（熱抵抗2.0℃/W）を使ったのでかなり大きい

写真中のラベル:
- 自作したコイルL_1
- 実験用プリント基板
- スピーカ端子
- セメント抵抗
- R_{43}
- C_{15}
- パワー・トランジスタ
- パワー・トランジスタと共にねじ止めしたトランジスタQ_{12}
- 放熱器

注▶ 各電圧は室温28℃における無信号時の実測値

図1 製作した15Wパワー・アンプの回路図
第6章の11石パワー・アンプを改造する

表1　15Wパワー・アンプを製作するために第6章の11石アンプへ追加する部品

記 号	品 名	値や型番など	数量	備 考
Q_{12}	NPN 型トランジスタ	**2SC3421**	1	TO-126 パッケージ. 2SC3423, 2SC4001, 2SD882 でも可
R_{24}, R_{25}	2 W J 級セメント抵抗	0.47 Ω	2	K 級（± 10 %精度）でもよい
R_{40}	1/4 W F 級 金属皮膜抵抗	3.9 kΩ	1	F 級とは ± 1 %精度のこと
R_{41}		3.6 kΩ	1	
R_{42}, R_{43}	2 W J 級 酸化金属皮膜抵抗	10 Ω	2	
C_{14}	50 V 耐圧 積層セラミック・コンデンサ	1 μF	1	フィルム・コンデンサでも可
C_{15}	50 V 耐圧 マイラ・コンデンサ	0.022 μF	1	
L_1	空芯コイル	2 μH	1	本文参照, φ 1 mm ポリウレタン被覆線 1 m から自作
VR_2	半固定抵抗器 7 mm 角 上面調整型	2 kΩ	1	
別基板	自作基板またはユニバーサル基板		1	サンハヤト ICB-288G など
スペーサ	M3 ねじ付きスペーサ		4	別基板固定用
出力端子	スピーカ用端子		1	ジョンソン・ターミナルの赤と黒各 1 個でも可
放熱器	熱抵抗 4.3 ℃ /W 以下のもの		1	8.6 ℃ /W 以下の放熱器を 2 個でも可
$W_1 \sim W_{11}$	φ 1 mm 被覆撚り線	6 色	適量	
$W_{12} \sim W_{16}$	φ 1.6 mm 被覆撚り線	5 色	適量	

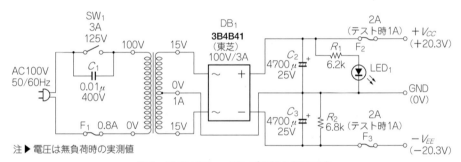

注▶電圧は無負荷時の実測値

図2　15 W パワー・アンプに使う電源回路
製作のしやすさから AC100V 入力のトランスを使う電源を選んだ

④ 瞬間的に大きな負荷電流に耐えられる

などです.

　私は, 以前作った電源回路を流用しました. 外観を**写真2**に示します. 電源の部品表を**表2**に示します.

● 使用する電源トランス

　トランスの選びかたは後述します.

　8 Ω 負荷で 15 W ということと, 手持ち部品の関係から, 15V - 0 V - 15V, $2A_{RMS}$ のトランスを用いました. トランスを購入して製作される場合は, モノラルならば $1A_{RMS}$, ステレオならば $2A_{RMS}$ のトランスを使えば十分です.

● 電解コンデンサの容量

　トランスを使った電源では, コンデンサの値が大きいほど, 理想的な直流電源に近づきます.

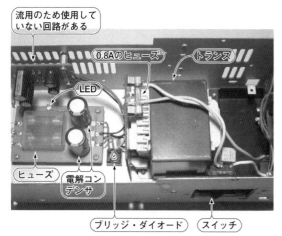

図中のラベル：
流用のため使用していない回路がある
0.8Aのヒューズ
トランス
LED
ヒューズ
電解コンデンサ
ブリッジ・ダイオード
スイッチ

写真2 以前作ったものを流用した電源回路
1Aのトランスで十分だが流用なので2Aのトランスになっている

表2 図2の電源回路に必要な部品

品　名	値(仕様)	数量	備考
トランス	15 V‐0 V‐15 V, 1 A	1	
スイッチ	125 V 3 A	1	
ヒューズ	0.8 A	1	
	1 A	2	テスト用
	2 A	2	
ヒューズ・ホルダ		3	
電解コンデンサ	25 V 4700 μF	2	
フィルム・コンデンサ	400 V 0.01 μF	1	
炭素皮膜抵抗	6.2 kΩ	1	
	6.8 kΩ	1	
ブリッジ・ダイオード	100 V 3 A	1	
LED		1	
配線		適量	

値を十分に大きくしたいところですが，コストとの兼ね合いで，4700 μ～10000 μFぐらいにします．ステレオの場合は10000 μ～22000 μFにします．

● ブリッジ・ダイオード

100 V以上/3 A以上の整流用ブリッジ・ダイオードならどれでもかまいません．

取り付け穴のあるブリッジ・ダイオードの定格電流は，放熱器を付けたときの値です．放熱器を付けないときの許容電流は定格の1/4ぐらいになってしまうので，**写真2**のように金属シャーシにねじ止めします．

15 W パワー・アンプの製作

次の順序で製作すると早いでしょう．
① 第6章の11石パワー・アンプから7個の部品を除く
② コイル L_1 の製作
③ 基板に追加部品を取り付ける
④ 放熱器に Q_{10}，Q_{11}，Q_{12} を取り付ける
⑤ 電源とパワー・トランジスタへの配線

実験用プリント基板から部品を取り外す

図6-5の基板から，D_4，D_5，R_{24}，R_{25}，C_9，Q_{10}，Q_{11} を外します．

● リードが2本の部品は交互にはんだを溶かして外す

抵抗やダイオードなど，リードが2本の部品は，部品面から部品を引っ張りながら，2か所のはんだ

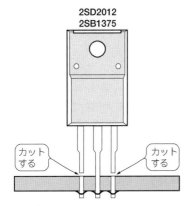

2SD2012
2SB1375

カット
する

カット
する

**図3　パワー・トランジスタはこのようにリードを
切ると外しやすい**
リードが少し短くなるがより線で配線するので問題ない

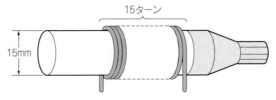

15ターン

15mm

図4　空芯コイルはマジック・インキなどを芯にして巻く
巻き終わってから芯を抜けば空芯コイルのできあがり

を交互に溶かして少しずつ抜いていけば外せます.

▶ **再利用しない部品は部品面でリードを切ると楽**

　D_4，D_5は再利用しないので，部品に残るリードが短くなっても問題ありません. こういうときは, 部品面のリードをニッパで切ってしまうと, 基板から外す作業が楽になります.

　2本のリードのうち一方を切ってしまえば, 部品本体と残ったリードは, どちらも1か所のはんだで固定された状態になります. 基板裏からはんだごてをあてて部品面から引っ張れば抜き取れます.

● **トランジスタの外しかた**

　Q_{10}とQ_{11}は再利用するので, できればきれいに外します.

　コレクタ, エミッタ, ベースの3か所のはんだを同時に溶かして, 部品面から引っ張って外します.

　このような場合は, 40Wぐらいの大きなはんだごてを用意したほうがよいでしょう. トランジスタは熱に強くないので, すばやく抜き取ります.

▶ **今回は3本のうち2本を切ってしまう方法でもよい**

　うまく抜けないときは, ニッパを使って, 部品面のエミッタ・リード, ベース・リードの2箇所を**図3**のようにカットしてしまいます.

　残るはコレクタのリードだけなので, 苦労せずに抜き取ることができます.

　エミッタとベースのリードが短くなってしまいますが, 今回は配線をつないで使うので問題ありません.

コイルの自作

　図1のL_1は, パワー・トランジスタの発振を防ぐためのコイルです. ひずみの悪化を防ぐため, ここのコイルは空芯を使うのが一般的です. 大電流用の空芯コイルは入手しにくいので, 自作します.

　ϕ1mmのポリウレタン被覆銅線を内径15mmで15回密着して巻く（**図4**）と, およそ定数どおりの2μHです.

追加部品の取り付け

追加部品の部品配置を**図5**に示します.

バイアス回路（**図1**参照）の R_{40}，R_{41}，VR_2 は，実験用プリント基板のフリー・スペースに挿入します．D_4 と D_5 の穴に C_{14} を挿入し，$\phi 0.3$ の被覆より線（J_{20}，J_{21}）を基板裏で配線します．

L_1 と基板OUTを結ぶ J_{22}，R_{42} と基板OUTを結ぶ J_{23} は $\phi 1\,\mathrm{mm}$ の被覆より線を使います．

R_{24} の穴には L_1 を取り付けます．コイルを基板から浮かすと，重みで裏面の銅箔やはんだ付けに力がかかるので，コイルは基板に密着させます．

R_{25} の穴に R_{42} を取り付けます．

C_{15}，R_{43}，$R_{24}\,(0.47\,\Omega)$，$R_{25}\,(0.47\,\Omega)$ は別基板に取り付けます．**写真1**を参照してください．

トランジスタ3個を放熱器に取り付ける

放熱器は，一般的に，サイズが大きなものほどよく熱を拡散でき，放熱能力を示す熱抵抗という値が小さくなります．小さな放熱器でも，風をあてることで，放熱能力があがります．

熱抵抗が4.3℃/W以下の放熱器に，Q_{10} と Q_{11} を取り付けます．

あるいは，1個ずつ，熱抵抗8.6℃/W以下の放熱器に取り付けてもかまいません．

写真1の放熱器は，私の手持ちのものを使ったため，熱抵抗2℃/Wのものです．4.3℃/Wの放熱器は，およそ半分くらいのサイズになるはずです．

トランジスタ・ケース裏面には，あらかじめシリコーン・グリスを塗っておきます．

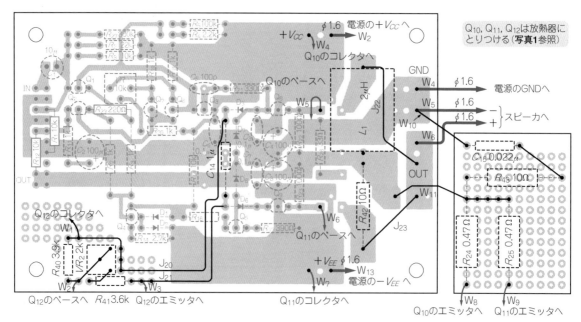

図5 D_4, D_5, R_{24}, R_{25}, C_9, Q_{10}, Q_{11} を外した実験用プリント基板に追加する部品の配置と配線（裏から見た状態）
R_{40}, R_{41}, VR_2, C_{14}, R_{42}, L_1, J_{20}, J_{21}, J_{22} を追加する．R_{24}, R_{25}, R_{43}, C_{15} は別基板にのせる．$W_1 \sim W_{11}$ は $\phi 1\,\mathrm{mm}$ の被覆より線，$W_{12} \sim W_{16}$ は $\phi 1.6\,\mathrm{mm}$ の被覆より線で配線する

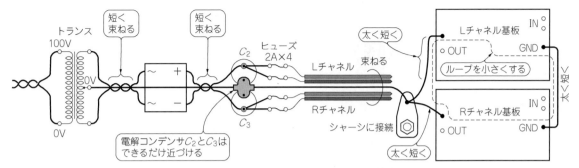

図6 ステレオ・アンプを構成する場合の電源-基板間の配線
電流の流れる経路は往復をペアにして束ね，太く短く配線する

やや厚めにシリコーン・グリスを塗り，トランジスタを放熱器にぐりぐりと押し付け，グリースを伸ばしてからトランジスタを放熱器にねじ留めします．

バイアス回路に使っているQ_{12}はQ_{11}の上に重ねて，共にねじ留めします．

配線

次の六つ，計16本の配線があります．
　(1)実験用プリント基板とQ_{12}のベース/エミッタ/コレクタをつなぐ3本の線(W_1，W_2，W_3)
　(2)実験用プリント基板とQ_{10}およびQ_{11}のベース/コレクタをつなぐ4本の線(W_4〜W_7)
　(3)別基板のR_{24}，R_{25}とQ_{10}，Q_{11}のエミッタをつなぐ2本の線(W_8，W_9)
　(4)実験用プリント基板と別基板を結ぶ2本の線(W_{10}，W_{11})
　(5)実験用プリント基板と電源回路を接続する$+V_{CC}/-V_{EE}$/GNDの3本の線(W_{12}，W_{13}，W_{14}，ϕ1.6 mmを使う)
　(6)スピーカ端子にいく2本の線(W_{15}，W_{16}，ϕ1.6 mmを使う)
必要な距離より少し長めにして，プリント基板にあらかじめはんだ付けしておきます．

実験用プリント基板をシャーシに固定し，配線の長さを適当にカットして，対象部品に配線します．

● ステレオ・アンプを作る場合の配線
実験用プリント基板を2台使ってステレオ・アンプを作る場合は，どうしてもグラウンドの配線でループができてしまいます．

グラウンドにループができると，このループ内部の磁界の変化をノイズとして拾ってしまいます．

グラウンド・ループの面積が最小になるよう，**図6**に示すように，ϕ1.6 mmの被覆撚り線を使って配線してください．

ヒューズはチャネルごとに挿入します．左右の基板はできるだけ近づけて取り付けます．

バイアス回路やオフセット回路の調整が必要

何事にもミスはつきものです．最初の電源ONでは，何が起きるかわかりません．

電源回路のヒューズは，1 Aにしておきます．VR_2はあらかじめ反時計方向に回し切っておきます．

それでは電源をONしましょう．ヒューズが切れなければ，正弦波を入力して出力波形を観測します．きれいな正弦波出力を確認できたならば，調整作業に入ります．

最初にVR_2を調整します．入力電圧をゼロにして，2SD2012のエミッタから2SB1375のエミッタまでのDC電圧が40 mVになるよう，VR_2を調整します．次にVR_1を調整して，出力DC電圧を±1 mV以下にします．

調整を終えたら電源回路のヒューズを2 Aにします．

完成した15 W パワー・アンプの特性

● 周波数特性

図7に示すのは製作した15 Wパワー・アンプの実測の周波数特性です．

出力端子の−3 dBカットオフ周波数は270 kHzで，第6章の11石パワー・アンプの350 kHzより低下しています．これはL_1の影響です．

図1のテスト・ポイントで測定すればL_1の影響はありません．−3dBカットオフ周波数は500 kHzに伸びています．電源電圧を±9 Vから約±20 Vに高くしたので，初段のコレクタ電流が増え，初段のg_mが増加した結果，周波数特性が向上しています．

● ひずみ率特性

実測のひずみ率特性を図8に示します．ノン・クリップ最大出力は14.3 Wです．設計目標の15 Wにとどかなかったのは，トランスを使った電源回路では，出力電流が増えるほど電源電圧が下がってしま

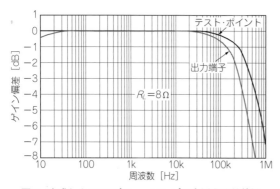

図7　完成した15Wパワー・アンプの実測周波数特性
二つの曲線の違いはL_1と負荷によるロー・パス特性の影響

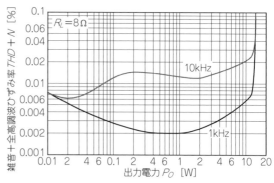

図8　完成した15Wパワー・アンプの実測ひずみ率特性
1 kHzでは第6章の11石パワー・アンプの約1/5に小さくなった

うので，設計値よりも電圧が下がってしまったためです．

1 kHzのひずみ率は，第6章の11石パワー・アンプの約1/5に減っています．ただし，ひずみ率はアイドリング電流によって変化します．これは後述します．

15 Wに出力アップするために変更した点

15 Wの出力が可能になったのは，電源回路，放熱器，エミッタ抵抗を変更したからです．

電源回路のトランスの選びかた

電源回路は，主にトランスについて解説します．

コンデンサは，大きいに越したことはありませんが，コストとの兼ね合いです．

ダイオードは電圧/電流ともに，電源電圧や平均電流の3倍を目安に選びます．

● 目標の出力に必要な電源電圧を求める

図1のアンプの電源電圧 V_{CC} と最大出力電力 P_{Omax} の関係は，次式で与えられます．

$$P_{Omax} = \frac{(V_{Omax})^2}{2R_L} = \frac{R_L(V_{CC} - 2.1)^2}{2(R_E + R_L)^2} \quad \cdots\cdots\cdots (1)$$

ただし，R_E：Q_{10}とQ_{11}のエミッタ抵抗（R_{24}とR_{25}），R_L：負荷抵抗

式の導出過程は第6章を参照してください．

式(1)に $R_E = 0.47\,\Omega$，$R_L = 8\,\Omega$ を代入すると，図9のグラフになります．

目標の出力を決めましょう．経験的にB級アンプの最大出力はパワー・トランジスタの許容コレクタ損失 P_C の70 %ぐらいにできます．2SD2012の P_C は25 Wなので，最大出力は17.5 Wが可能ですが，手持ちの電源トランスから15 Wにしました．

必要な電源電圧は図9から ± 18.5 Vです．15 Wにこだわる必要はありません．電源電圧を ± 20 Vまで上げても安全なように回路を設計してあります．

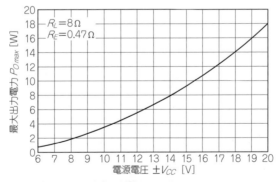

図9　目標の出力に必要な電源電圧を求めるときに使うグラフ
式(1)の電源電圧と出力電力の関係をグラフにした

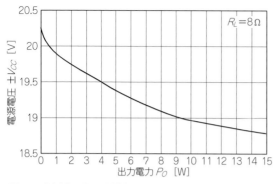

図10　実測すると出力電力が増えるほど電源電圧が下がる
曲線になるのは電源トランスの特性のため

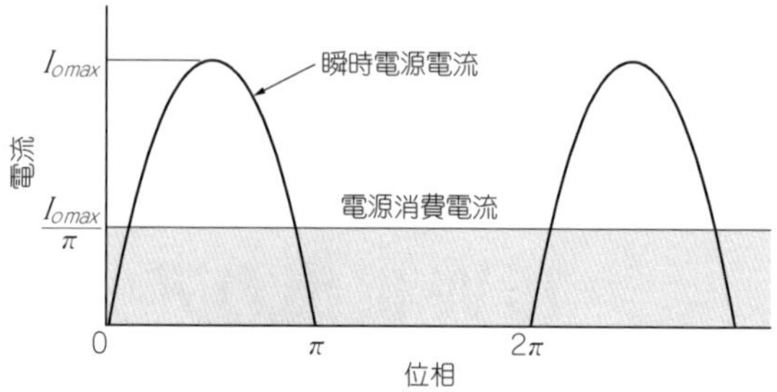

図11　B級アンプの最大消費電流は最大出力電流を π で割った値
半波波形の平均値はピークの1/π

● 電源トランスの2次側電圧と得られる電源電圧の関係

中点タップつきの2次側巻き線をもつ15 V - 0 - 15 V, 2 A$_{RMS}$のトランスを用いました. トランスが出力する交流電圧 V_{AC} をブリッジ・ダイオードで整流すると, 出力DC電圧 V_{DC} は次式となります.

$$V_{DC} = 1.41 \times V_{AC} - V_F$$
$$= 1.41 \times 15 - 1 \fallingdotseq 20 \text{ V} \quad \text{..(2)}$$

ただし, V_F：ダイオードの順電圧

実測の電源電圧は一定ではなく, **図10**のように出力が増えると低下します. トランスが理想とは異なるためです. 電圧の下がりかたは, トランスのコアの材質, コアの構造, コアのサイズ, あるいは巻き線の抵抗値などによって異なります.

市販トランスの2次側公称電圧は, 規定の負荷を接続したときの値です. 無負荷時のDC電圧は, 式(2)で算出される値より10％ぐらい高いのが普通です.

● 電源トランスの2次側電流容量を求める

結論をいうと, アンプの最大消費電流の1.7倍程度のAC電流(実効値)のトランスを選択します. 1.7倍という値は経験的なものです.

負荷 $R_L = 8 \Omega$ に対し, 最大出力電力 P_{Omax} が15 Wならば, 正弦波信号のピーク出力電流 I_{Omax} は次のように求まります.

$$I_{Omax} = \sqrt{\frac{2 P_{Omax}}{R_L}} = \sqrt{\frac{2 \times 15}{8}} \fallingdotseq 1.936 \text{ A} \quad \text{...(3)}$$

B級アンプの瞬時電源電流は出力電流の半波波形 (**図11**) で, 消費電流はその平均値です. 最大消費電流 I_{Dmax} は, 次式となります.

$$I_{Dmax} = \frac{I_{Omax}}{\pi} \fallingdotseq \frac{1.936}{3.14} \fallingdotseq 0.62 \text{ A} \quad \text{...(4)}$$

したがって, 2次側の定格電流が,

$$0.62 \text{ A} \times 1.7 = 1.05 \text{ A}_{RMS}$$

程度のトランスを使えば十分です. 実用上は1 A$_{RMS}$のトランスで問題ありません. ステレオの場合は必要な電流が2倍になるので, 2 A$_{RMS}$とします.

● PN接合の温度を定格内に収める必要がある

第6章でB級動作を説明しました．B級動作のアンプでは，パワー・トランジスタが1石あたり消費する最大電力を，次式で計算できます．

$$P_{Cmax} = \left(\frac{1}{R_E + R_L}\right)\left(\frac{V_{CC}}{\pi}\right)^2 \cdots\cdots\cdots\cdots\cdots\cdots\cdots\cdots\cdots\cdots\cdots\cdots\cdots (5)$$

$$\fallingdotseq \frac{1}{8.47} \times \left(\frac{18.5}{3.14}\right)^2 \fallingdotseq 4.1\ \text{W}$$

トランジスタから発生する熱の大部分はPN接合で発生し，この接合部の温度T_Jが上昇します．2SD2012/2SB1375のT_Jの絶対最大定格は150℃ですが，余裕をみてT_Jを100℃以下に抑えることにしましょう．

式(5)で計算したように，パワー・トランジスタからは最大4.1 Wの熱が発生します．

音声信号の場合，信号の平均レベルは最大レベルより小さいので，4.1 Wの発熱が続くことはありません．しかし，最悪の場合を想定して，4.1 Wの発熱が続く場合に必要な放熱器の条件を考えましょう．

● 熱の移動のしにくさを示す「熱抵抗」

PN接合で発生した熱は，図12のように，トランジスタのチップ→トランジスタのケース→絶縁シート→放熱器→大気へと放射(放熱)されます．

水が高い場所から低い場所へ流れるように，熱は温度の高いところから低いところへと流れます．言い換えると，熱が移動するには温度差が必要です．

一般に1Wの熱の移動に必要な温度差を「熱抵抗」といいます．熱抵抗の記号はθ，単位は℃/WまたはK/W(ケルビン/ワット)です．

▶電気に置き換えて考える

熱の移動を電荷の移動にたとえて考えると簡単です．一般に，熱と電気の間には，表2の対応があります．

図12は図13のように考えることができます．

● 熱抵抗は部分ごとに考えて求める

熱抵抗の大きさは，物質の種類や形状によって違います．図13の場合は次の4種類に分けて考えます．
　①内部熱抵抗θ_{JC}：トランジスタのPN接合からトランジスタのパッケージ表面までの熱抵抗
　②直接放射熱抵抗θ_{CA}：トランジスタのパッケージ表面から大気に直接放射されるときの熱抵抗
　③絶縁板の熱抵抗θ_{CS}
　④放熱器の熱抵抗θ_{SA}
放熱器の熱抵抗θ_{SA}は，メーカが公表していますので，必要なθ_{SA}の値が求まれば，放熱器を選べます．

● 内部熱抵抗 θ_{JC}はトランジスタのデータから計算

θ_{JC}は無限大放熱板使用時の許容コレクタ損失P_C-温度特性(図14の①の曲線)を用いて計算できます．無限大放熱器を付けたとき，周囲温度T_Aとトランジスタのケース温度T_Cは等しくなります．

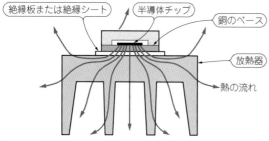

図12　放熱器に取り付けたトランジスタから発生する熱の流れ

半導体チップのPN接合で発生した熱が各部に伝わっていく

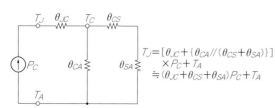

$$T_J = [\theta_{JC} + \{\theta_{CA} // (\theta_{CS} + \theta_{SA})\}] \times P_C + T_A$$
$$\fallingdotseq (\theta_{JC} + \theta_{CS} + \theta_{SA}) P_C + T_A$$

T_A：周囲温度[℃]　　　　　θ_{JC}：接合部からケース表面までの
T_J：PN接合部温度[℃]　　　　　　　熱抵抗
T_C：ケース温度[℃]　　　　θ_{CA}：ケースから大気までの熱抵抗
P_C：コレクタ消費電力[W]　θ_{CS}：絶縁シートの熱抵抗
　　　　　　　　　　　　　　θ_{SA}：放熱器の熱抵抗

図13　図12の熱の流れの等価回路

熱容量を省略した定常状態での等価回路

表2　熱の伝導を考えるとき電気に対応させるとわかりやすい

熱	単　位	電気	単　位
熱量	J（ジュール）	電気量	C（クーロン）
温度	℃, K	電位	V
単位時間あたり移動熱量	W（ワット）	電流	A
熱抵抗	℃/W, K/W	電気抵抗	Ω
熱容量	J/℃, J/K	静電容量	F
発熱源	W（ワット）	電流源	A

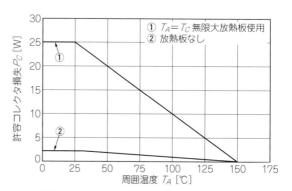

図14[19][20]　2SD2012/2SB1375の許容コレクタ損失-温度特性

このグラフからPN接合-ケース間の熱抵抗を求める

　図14を見ると，$T_A = T_C = 25$℃における許容コレクタ損失は25Wです．一方，$T_A = T_C = 150$℃における許容コレクタ損失はゼロです．

　これは，トランジスタの消費電力が25W一定のとき，PN接合温度T_Jが最終的に（150℃－25℃）上昇することを意味します．したがって，2SD2012の内部熱抵抗θ_{JC}は次式で与えられます．

$$\theta_{JC} = \frac{150 - 25}{25} = 5 \text{℃/W} \cdots\cdots (6)$$

● 直接放射熱抵抗 θ_{CA} もデータから求められる

　θ_{CA}は放熱器を付けないときの許容コレクタ損失-周囲温度特性（図14の②の曲線）から計算できます．

$$\theta_{JC} + \theta_{CA} = \frac{150 - 25}{2} = 62.5 \text{℃/W}$$

よって，

$$\theta_{CA} = 62.5 - \theta_{JC} = 62.5 - 5 = 57.5 \text{℃/W}$$

● 絶縁板の熱抵抗 θ_{CS} はおおまかな見積もりになる

　半導体チップののった銅ベースは，多くの場合コレクタにつながっています．そのまま放熱器にねじ留めすると，電源のコレクタと放熱器がショートして危ないので，間に絶縁板を挟みます．

2SD2012/2SB1375は絶縁性樹脂で覆われたパッケージなので，絶縁板は不要です．しかし，パッケージや放熱器の表面は完全な平面ではないので，細かな隙間が残って接触熱抵抗が生まれます．接触熱抵抗を下げるため，隙間を埋めるシリコン・グリースを塗りますが，接触熱抵抗はゼロにはなりません．

今回，接触熱抵抗 θ_{CS} は，1℃/Wと見積もります．この値は接触面積や絶縁板などによって変わります．

● 熱の等価回路からPN接合の温度が求められる

パワー・トランジスタの最大発熱量 P_C は，先に計算したように4.1 Wです．図13の等価回路では4.1 Aの電流源 P_C に置き換えられます．

放熱器を使う場合，ケース表面から大気への熱抵抗 θ_{CA}（＝57.5℃/W）より十分に小さい熱抵抗の放熱器を使う場合がほとんどです．すると θ_{CA} を無視できて，接合温度 T_J は次式となります．

$$T_J = (\theta_{JC} + \theta_{CS} + \theta_{SA}) P_C + T_A \cdots\cdots (7)$$

● PN接合の温度から放熱器の熱抵抗を逆算する

式(7)を θ_{SA} について解くと以下の式になります．

$$\theta_{SA} = \frac{T_J - T_A}{P_C} - (\theta_{JC} + \theta_{CS}) \cdots\cdots (8)$$

この式に，接合温度 $T_J = 100$℃，周囲温度 $T_A = 40$℃，内部熱抵抗 $\theta_{JC} = 5$℃/W，接触熱抵抗 $\theta_{CS} = 1$℃/W，$P_C = 4.1$ Wを代入すると，

$$\theta_{SA} = \frac{100 - 40}{4.1} - (5 + 1) \fallingdotseq 8.6 \text{℃/W} \cdots\cdots (9)$$

したがって，8.6℃/W以下の熱抵抗をもつ放熱器を用いればよいとわかります．

なお，一つの放熱器に2SD2012と2SB1375の両方を付けるときは，8.6℃/Wの半分，すなわち4.3℃/W以下の放熱器が必要です．

エミッタ抵抗を小さくする方法

エミッタ抵抗は，パワー・トランジスタの熱暴走を避けるために挿入しますが，出力電力を大きくするには値を小さくしなければいけません．

● 熱暴走を起こさないためのエミッタ抵抗の条件

熱暴走を起こさないエミッタ抵抗 R_E の値は次式で与えられます[24]．

$$R_E > \frac{V_{CC} \theta}{500} - \frac{1}{g_{mmax}} \cdots\cdots (10)$$

ただし，θ：PN接合から大気までの全熱抵抗［℃/W］，g_{mmax}：パワー・トランジスタの最大相互コンダクタンス

各パワー・トランジスタに8.6℃/Wの放熱器を装着したとすれば，全熱抵抗 θ は以下となります．

$$\theta = \theta_{JC} + \theta_{CS} + \theta_{SA} \cdots\cdots (11)$$
$$\fallingdotseq 5 + 1 + 8.6 = 14.6 \text{℃/W}$$

g_{mmax} は図15から10 S（シーメンス）と読み取れます．電源電圧 $V_{CC} = 18.5$ Vとすると，式(10)と式

（11）から次式となります．

$$R_E > \frac{18.5 \times 14.6}{500} - \frac{1}{10} \fallingdotseq 0.44\ \Omega \quad\text{……………………}(12)$$

シミュレーションで確認しましょう．**図16**を見ると $R_E = 0.4\ \Omega$ で熱暴走しています．**図16**のシミュレーション回路は，解析の実行時間を短縮するため放熱器の熱容量を無視しています．放熱器の熱容量を考慮すると，コレクタ電流はもっと緩やかに上昇しますが，$R_E = 0.4\ \Omega$ で最終的に熱暴走する結果は変わりません．

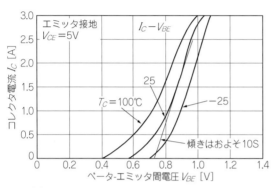

図15[20]　2SD2012のコレクタ電流-ベース・エミッタ間電圧特性

曲線の傾きが g_m なので，接線を引いて傾きを求める

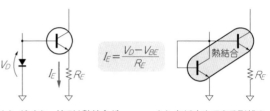

$$I_E = \frac{V_D - V_{BE}}{R_E}$$

（a）ダイオードでは熱結合がしにくい

（b）ねじ止めできる形状のトランジスタをダイオード接続して使う

図17　バイアス電圧を作るダイオードをパワー・トランジスタと熱結合する

温度が上がると電圧が小さくなるバイアス回路で V_{BE} の温度変化を打ち消す．温度補償という

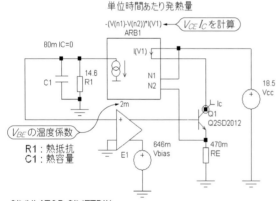

```
.SIMULATOR SIMETRIX
.TRAN 5m 100 SWEEP DEVICE=RE LIST 400m 500m 600m 800m 1
.OPTIONS noraw
.MODEL Q2SD2012 NPN (IS=1.5E-12 BF=300 BR=19 VAF=100
+    IKF=0.7 IKR=0.25 RB=7 XTB=1.7 MJC=0.38
+    CJC=95p CJE=200p TF=53N TR=1010N)
.SIMULATOR DEFAULT
```

（a）回路

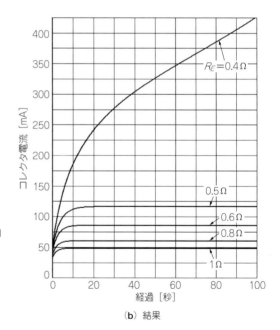

（b）結果

図16　放熱器をつけても熱暴走しないためには最低でも0.5Ω程度のエミッタ抵抗が必要

実際にはさらに余裕をみて数倍の値にしたいので，損失が無視できなくなる．他の方法も必要になる

実際のアンプのR_Eは，余裕を見て式(11)の計算値$0.44\,\Omega$の2〜5倍にしなければなりません．したがって，無視できない電力ロスが生じます．

● **V_{BE}の温度変化に合わせてバイアス電圧を変化させると熱暴走を抑えられる**

実際のパワー・アンプは，エミッタ抵抗の値を小さくしても熱暴走しない方法を使っています．

一般に，B級出力段のベース・バイアス電圧は，**図17(a)**のようにダイオードの順電圧を利用します．エミッタ電流I_Eは次式，

$$I_E = \frac{V_D - V_{BE}}{R_E} \qquad\qquad\qquad (13)$$

にしたがうので，パワー・トランジスタの自己発熱によってPN接合温度が上昇しV_{BE}が減少すると，必然的にI_Eが増えます．これが熱暴走の原因です．もしV_{BE}の減少ぶんと同じ値だけV_Dを減少させることができれば，I_Eを一定値にできます．

そこで，バイアス回路のダイオードをパワー・トランジスタに密着させ，両者の温度を等しくします．V_Dの温度係数とV_{BE}の温度係数はほぼ同じ（約$-2\,\mathrm{mV/℃}$）なので，V_DとV_{BE}は同じように変化し，V_{BE}の変化は相殺されるはずです．

ただし，ダイオード1N4148の外形は円筒状なので，パワー・トランジスタに密着できません．取り付け穴のあるTO-126タイプの2SC3421のベースとコレクタを**図17(b)**のように接続してダイオードとして機能させ，それをパワー・トランジスタに重ね，ねじ留めします．

▶完全な温度補償ではないが効果は大きい

このようにねじ留めしても，2SC3421の温度はパワー・トランジスタのケース温度T_Cに等しくなるだけで，接合温度T_Jには等しくなりません．それでも，2SC3421とパワー・トランジスタを熱結合すると，熱暴走を防ぐ大きな効果があります．

● **温度補償の効果をシミュレーションしてみる**

バイアス回路のダイオード(2SC3421)の温度をパワー・トランジスタのケース温度T_Cと等しくすることは，式(10)と式(11)の全熱抵抗θから接触熱抵抗θ_{CS}と放熱器の熱抵抗θ_{SA}を除くのと等価です．

つまり，式(10)と式(11)の全熱抵抗θはパワー・トランジスタの内部熱抵抗$\theta_{JC} = 5\,\mathrm{℃/W}$だけになります．すると，熱暴走を起こさない$R_E$の値は式(10)から次式となります．

$$R_E > \frac{18.5 \times 5}{500} - \frac{1}{10} \fallingdotseq 0.085\,\Omega$$

シミュレーションで確認しましょう．**図16**の熱抵抗$R_1 = 14.6\,\Omega$を$5\,\Omega$に変更します．

シミュレーション結果を**図18**に示します．エミッタ抵抗R_Eが$0.05\,\Omega$ならば熱暴走しますが，$0.1\,\Omega$ならば大丈夫です．余裕を見てR_Eを$0.47\,\Omega$とします．

● **温度補償を可能にするバイアス回路の例**

▶単純に考えたバイアス回路

上の考察に基づいて設計したバイアス回路を**図19**に示します．この回路は安定に動作しますが，バイアス電圧を調整できない欠点があります．

▶くふうしたバイアス回路

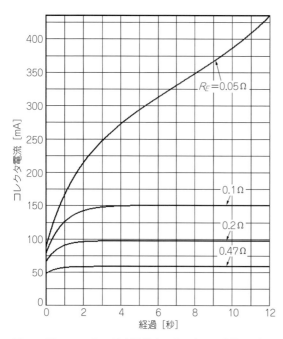

図18　図17のように温度補償するとエミッタ抵抗が小さくても熱暴走しない

0.1Ωでも大丈夫そうだが実際には0.47Ωを使った

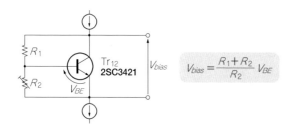

$$V_{bias} = \frac{R_1 + R_2}{R_2} V_{BE}$$

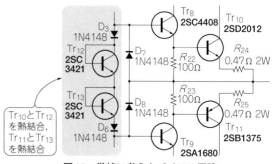

図19　単純に考えたバイアス回路

ひずみ率に関係するアイドリング電流が調整できない

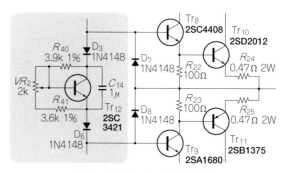

図20　くふうしたバイアス回路

半固定抵抗器で出力段のアイドリング電流を調整できる

図21　R_2の値を調整しひずみが最小になるようにバイアス電圧を設定する

アイドリング電流とひずみ率の関係は後述する

　アンプに採用したバイアス回路を**図20**に示します．VR_2によって，ひずみ率がもっとも良くなるバイアス電圧に微調整することが可能です（**図21**）．

　安全のために，VR_2の摺動子‐抵抗体間の接触抵抗が経時変化によって増加したとき，バイアス電圧が低下するようにVR_2を接続してあります．

　このトランジスタQ_{12}である2SC3421は，パワー・トランジスタに密着させます．

　可変バイアス電圧回路の動作原理を**図21**に示します．Q_{12}のベース電流を無視すると，バイアス電圧V_{bias}は次式で与えられます．

$$V_{bias} = \frac{R_1 + R_2}{R_2} V_{BE} \quad\cdots\cdots\cdots\cdots\cdots\cdots\cdots\cdots\cdots\cdots\cdots\cdots\cdots\cdots (14)$$

　$R_1 = R_2$とすれば，ダイオード2個ぶんのバイアス電圧（約1.2V）が得られます．バイアス電圧の温度係数$\Delta V_{bias} / \Delta T$は，$V_{BE}$の温度係数の2倍すなわち約$-4\,\mathrm{mV/℃}$になります．

Supplement B

15 Wパワー・アンプの ひずみ率を下げる

　Supplement Aでは，2 Wのパワー・アンプを15 Wまで大出力化しました．ここでは，このパワー・アンプのひずみを小さくすることに挑戦します．

　オーディオ用を除けば，パワー・アンプにひずみ率0.1 %以下が要求されることはほとんどありません．しかし，ひずみ率を下げるために努力することは，トランジスタの特性や負帰還に対する理解を深めることにつながります．

　実測のひずみ率特性を図1に示します．Supplement Aのパワー・アンプに比べ，ひずみ率が最大で27 dB下がり，1 kHzのひずみ率も10 kHzのひずみ率も0.001 %以下になりました．小出力時の特性は雑音によるものです．

　ひずみを減らすために，負帰還を増やしていますが，そのことによるピークはありません．改良後の15 Wパワー・アンプの実測の周波数特性を図2に示します．

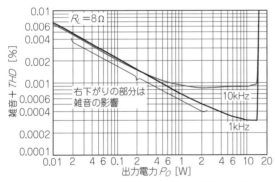

図1　改良によって実現したひずみ率特性（実測）
10 kHzで0.001 %を切る

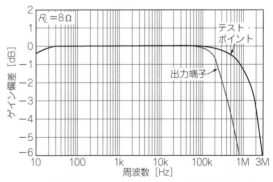

図2　改良後の15 Wパワー・アンプの周波数特性（実測）
高い周波数まで負帰還をかけたので結果として広帯域になっている

151

図3に回路を示します．Supplement Aのパワー・アンプと比較して，6か所に改良を加えています（写真1）．

① 2段目増幅段の改良（R_{52}, Q_{13}）
② 位相補償回路の改良（C_{20}, R_{50}, R_{51}）
③ 初段電流値の変更（R_{54}）
④ 初段電流値変更による位相補償の追加（C_{21}）
⑤ 電源ラインのパスコンの追加（C_{22}）
⑥ 2段目電流制限回路の変更（D_9, D_{10}, R_{53}）

● 改良点の簡単な説明

①，②，④については，負帰還がかかわるので，あとで説明します．

▶ ③初段の動作電流値を増やす

パワー・アンプのひずみの多くは出力段から発生しますが，初段もわずかにひずみがあります．

$R_{14} = 2.7\,\mathrm{k\Omega}$と並列に$R_{54} = 2.7\,\mathrm{k\Omega}$を接続し，初段差動増幅回路のテール電流を$0.27\,\mathrm{mA} \rightarrow 0.53\,\mathrm{mA}$に増やしました．初段のゲインが増加し，$R_{29}$による局部負帰還量が増えて，初段のひずみが小さくなります．$0.27\,\mathrm{mA}$では，出力$10\,\mathrm{W}$における$10\,\mathrm{kHz}$の第3次高調波ひずみ率を$0.001\,\%$以下にできません．

▶ ⑤2SD2012にパスコンを追加

高域のひずみ率を下げるため，2SD2012のコレクタの近くに$C_{22} = 1000\,\mu\mathrm{F}$をつけました．

▶ ⑥電流制限回路を変更

Supplement Aの$15\,\mathrm{W}$パワー・アンプの回路（p.157，図8）の$R_{21} = 330\,\Omega$は，出力短絡によってD_8が導通したとき，D_8に流れる電流を制限するものです．

しかし，R_{21}と出力段の入力容量などがロー・パス・フィルタを形成し，高域の位相が遅れて負帰還

写真1 ひずみ率を下げた15Wパワー・アンプの外観

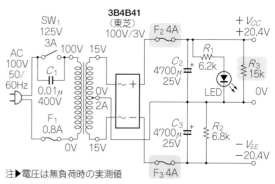

図4 超低ひずみ15Wパワー・アンプの電源回路
低ひずみ化のためには電源の改良も必要

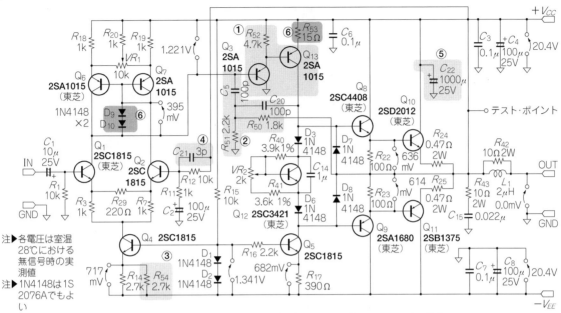

図3 ひずみ率0.001%@10 kHzを実現した15 Wパワー・アンプの回路
15 Wパワー・アンプに6か所の改良を加えた

の安定度が悪化するので，R_{21}を除きました．

図3で，D_8の順電流およびQ_{13}のコレクタ電流は，Q_{13}のエミッタに挿入した$R_{53} = 15\,\Omega$と，カレント・ミラーに接続したD_9とD_{10}によって制限されます．D_9，D_{10}は，正常動作時，ほとんど非導通状態です．

● **電源回路にも手を加えた**

図4に電源回路を示します．

ヒューズの直流抵抗がひずみ率を悪化させることがわかりました．ヒューズの位置を，4700 μFのうしろからブリッジ・ダイオードと4700 μFの間に移動し，値も2 Aから4 Aに変更しました．また$R_3 = 15\,\mathrm{k}\Omega$を加えました．$R_3$がないと電源OFF時にLEDがなかなか消えません．

ひずみが最小になるようにバイアス電圧を調整する

8 Ωなどの重い負荷を駆動するパワー・アンプでは，ひずみの大部分は出力段で発生しています．

● **動作するトランジスタが切り替わるときにひずみが発生する**

15 Wパワー・アンプの出力段はB級動作です．交流信号の＋側では2SD2012，－側では2SB1375が電流を供給し，周期の50%ずつ動作します．第6章でそのように解説しました．

厳密にいえばこれは正しくありません．トランジスタが切り替わるときに発生するクロスオーバーひ

ずみを抑えるため，両方のトランジスタが動作する期間を設けているからです．動作期間が50％を少しでも越えれば，AB級動作と呼ばれます．

　ところが，バイポーラ・トランジスタの場合，AB級動作にしても，クロスオーバーひずみを完全にゼロにすることはできません．

● 入出力特性では小さなひずみがわからない

　クロスオーバーひずみを見てみましょう．

　直感的にわかりやすいのは，オシロスコープのXYモードを使い，出力段の入力電圧と出力電圧を横軸と縦軸に表示させて観測する方法です．もしクロスオーバーひずみがあれば，波形にゆがみが見えるはずです．図5(a)の回路でシミュレーションしてみましょう．V_1を－1Vから＋1Vまで変化させたときの出力電圧を図5(b)に示します．

　バイアス電圧V_{bias}(V_2，V_4)をそれぞれ1.1Vとしたときは，特性が直線になっていません．クロスオーバーひずみを生じるのは明白です．

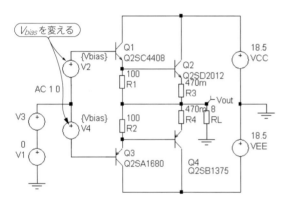

```
.MODEL Q2SB1375 PNP (IS=2.9E-12 BF=150 BR=5.3 RB=8 VAF=100
+ TF=18N TR=660N CJC=180P CJE=240P XTB=1.7 IK=1.5)
.MODEL Q2SC4408 NPN (IS=2.1E-13 BF=200 BR=28 VAF=100 RB=33
+ IK=1 TF=1.6N TR=137N CJE=200P CJC=36P XTB=1.7)
.MODEL Q2SA1680 PNP (IS=2.9E-13 BF=200 BR=32 VAF=100 RB=33
+ IK=0.4 TF=1.6N TR=64N CJE=150P CJC=60P XTB=1.7)
.MODEL Q2SD2012 NPN (IS=1.5E-12 BF=300 BR=19 VAF=100
+     IKF=0.7 IKR=0.25 RB=7 XTB=1.7 MJC=0.38 CJC=95p
+     CJE=200p TF=53N TR=1010N)
```

(a) シミュレーション回路

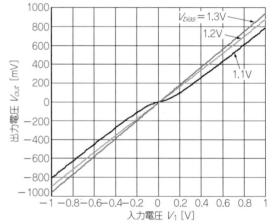

(b) 入出力特性では小さな差がわかりにくい

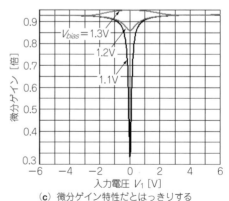

(c) 微分ゲイン特性だとはっきりする

図5　トランジスタの切り替わりで発生するひずみをシミュレーションで確認
バイアス電圧V_{bias}によるひずみの違いを見たい

V_{bias} = 1.2 V と 1.3 V の場合は，一見すると直線です．しかし，クロスオーバーひずみを生じています．

● 入出力特性の変化を強調して確認する

図5(b)の各曲線の傾きはゲインを意味します．傾きは入力電圧 V_1 の値によって変化します．V_1 の各値に応じる曲線の傾きを「微分ゲイン」といいます．

微分ゲイン特性はビデオ増幅器の直線性を評価する場合に用いられますが，出力段の直線性の評価にも威力を発揮します[21]．

もし出力段にひずみがなければ，入出力特性は傾きが一定の直線です．微分ゲインも，V_1 の値にかかわらず一定になります．横軸に V_1 をとり，縦軸に微分ゲインをとれば，水平な直線になります．逆にひずみがあると，ひずみを拡大するような形で確認することができます．

● 最適なバイアス電圧を微分ゲインから求める

回路シミュレータ SIMetrix は，AC解析において微分ゲインを表示させることができます．

図5(a)の回路の微分ゲイン特性を図5(c)に示します．V_{bias} が1.1 V のときは $V_1 = 0$ において微分ゲインが大きく落ち込んでいるのがわかります．

V_{bias} = 1.2 V の場合でも $V_1 = 0$ 前後で微分ゲインが約6％低下しています．V_{bias} = 1.3 V の場合は，$V_1 = 0$ 前後で微分ゲインが2％あまり増えています．

V_{bias} の最適値は1.2～1.3 V の間にあると推測できるので，V_{bias} を 1.2 V から 1.3 V まで0.01 V 刻みで変化させてみました．結果を図6に示します．どのように V_{bias} を設定しても微分ゲインは一定になりません．つまり，クロスオーバーひずみをゼロにできません．しかし V_{bias} を 1.25 V にすれば，微分ゲインの変動が最小になり，必然的にクロスオーバーひずみも最小になります．

V_{bias} を 1.25 V にすると，無信号時にパワー・トランジスタの両エミッタ間電圧は 40 mV になります．Supplement A で調整に使った値はこのような理由がありました．

V_{bias} の最適値は温度に依存して変化します．しかしバイアス電圧をきちんと温度補償していれば，エミッタ間電圧を 40 mV になるよう調整することで，クロスオーバーひずみを最小に抑えられます．

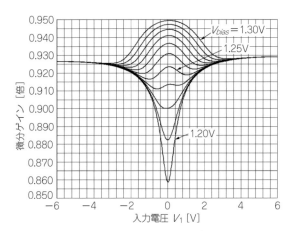

図6　1.25 V のときクロスオーバーひずみが最小になる
このときのコレクタ電流と一致するよう実際の回路のバイアス電圧を調整

安定に負帰還をかけるために知っておくこと

● 負帰還が安定かどうかはループ・ゲインで判断

負帰還の安定性はループ・ゲインで確認します．オープン・ループ・ゲイン A と帰還率 β をもつ負帰還アンプのループ・ゲインは $A\beta$ となります．

ループ・ゲイン $A\beta$ の大きさが1倍になる周波数において，$A\beta$ の位相が $\pm 180°$ 以内でなければなりません．

負帰還は，出力信号を逆位相で入力信号に加算するものです．ところが，トランジスタの寄生容量などによって，信号の位相が遅れることがあります．もし増幅器で位相が180°遅れると，帰還信号が同位相で入力信号に加算されてしまいます．

このような帰還を正帰還(Positive Feed‐Back)と言います．負帰還の場合はゲインが低下しますが，正帰還の場合はゲインが増加します．

正帰還の状態で，ループ・ゲインが1倍以上あると，位相が180°となる周波数は際限なく増幅されます．つまり，その周波数で発振してしまいます．

● ループ・ゲインをシミュレーションで求める

ループ・ゲイン $A\beta$ は，図7の回路で測定できます．負帰還を外すと動作点が不安定になるので，図のように負帰還をかけておきます．

帰還回路網の入力端子と増幅器の出力端子の間に，入力インピーダンスが無限大で出力インピーダンスがゼロ，かつゲイン1倍のバッファ・アンプを挿入します．それから，帰還回路網の入力端子とバッファ・アンプの間に正弦波信号 V_T を挿入します．すると，図7から次式が導かれます．

$$V_{out} = -A\beta V_{in} \quad\text{(1)}$$

よって，

$$A\beta = \frac{-V_{out}}{V_{in}} \quad\text{(2)}$$

となります．したがって，増幅器の出力電圧 V_{out} を -1 倍したものを帰還回路網の入力電圧 V_{in} で割れば，ループ・ゲインの周波数特性が求まります．

回路シミュレータSIMetrixはAC解析において二つのAC電圧の割り算をする「Bode Plot Probe」

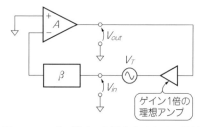

図7　ループ・ゲインを測定するための接続
シミュレーションではこの方法が手軽

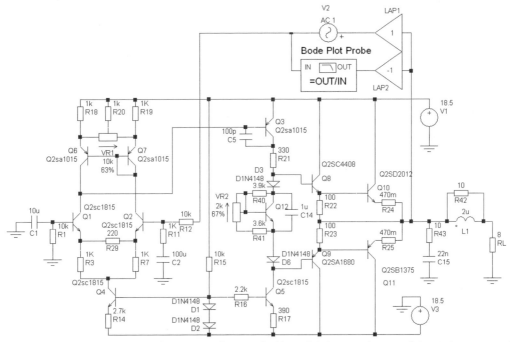

図8 改良前の15Wパワー・アンプのループ・ゲインをシミュレーションで求めてみる
図7の接続を利用して計算させている

というプローブがあるので，ループ・ゲインの周波数特性（これをBode Plot，ボーデ線図という）を簡単にシミュレーションできます[22]．

Supplement Aの15Wパワー・アンプに**図7**の手法を用いると，**図8**の回路になります．これをAC解析すると，**図9**の周波数特性が得られます．ループ・ゲインが1倍（0 dB）になる周波数は474 kHzで，位相は－104.1°となっています．

一般に，ループ・ゲインが1倍になる周波数（ゲイン交点周波数という）における位相と－180°の差を位相余裕といいます．位相が－180°に到達するまでにあと何度の余裕があるかという意味です．**図9**から位相余裕は75.9°とわかります．一般に，位相余裕は60°以上あれば充分です．

低ひずみと安定動作を両立するには

● ひずみを減らすために負帰還量を増やす

負帰還をかけると，ひずみ率は$1/(1 + A\beta)$に減少します．ここで，$1 + A\beta$を帰還量といいます．

ループ・ゲイン$A\beta$の大きさが1より十分に大きいとき，帰還量はループ・ゲインとほぼ等しくなります．

図9を見てください．低い周波数では大きなループ・ゲインがあるので，ひずみ率は大幅に低下します．しかし，ループ・ゲインは，数百Hz～1 MHzの範囲では－6 dB/oct.で減少しています．したがっ

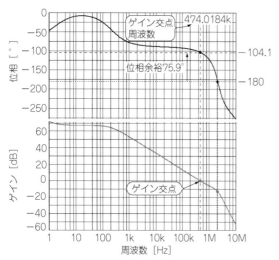

図9 改良前の15 W パワー・アンプのループ・ゲイン
（シミュレーション）
十分な位相余裕があるので安定なアンプだとわかる

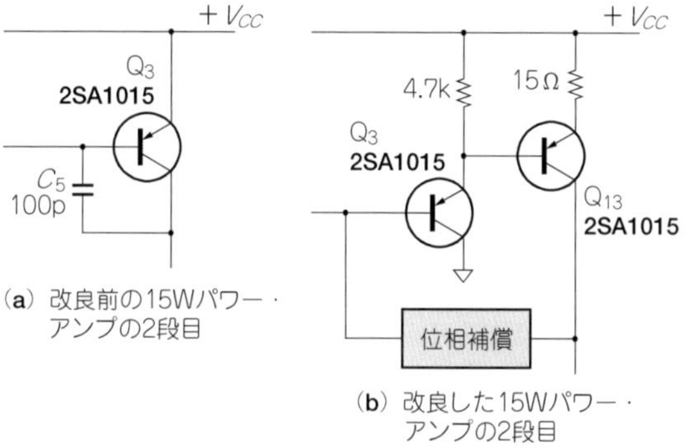

（a）改良前の15Wパワー・
アンプの2段目

（b）改良した15Wパワー・
アンプの2段目

図10 2段目を改良してループ・ゲインを増やす
初段からみた負荷抵抗を高くすることができる

て，高い周波数では負帰還によるひずみの改善は少なくなります．
　高い周波数のひずみ率を下げるには，オープン・ループ・ゲインをさらに上げる必要があります．

● アンプのオープン・ループ・ゲインを増やす
　オープン・ループ・ゲインを増やすための改良が，図3の①です．改良前後を図10に示します．Supplement A のパワー・アンプの2段目（Q_3）をエミッタ共通回路からコレクタ共通回路に変え，さらに Q_{13} のエミッタ共通回路を追加したものです．
　このように変更しても，2段目の電圧ゲインはとくに変化しません．しかし，2段目の入力インピーダンス，つまり初段の負荷インピーダンスが100倍ほど増えるので，初段のゲインが100倍ほど増え，オープン・ループ・ゲインが約40 dB増えることになります．必然的に帰還量も約40 dB増えます．

● 位相補償回路でゲインを失っている
　ところが，①の改良をしても，高い周波数のオープン・ループ・ゲインはあまり増えません．図9の特性の大部分は位相補償によって決まっているからです．
　図10（a）のように2段目のエミッタ共通回路のコレクタ-ベース間にコンデンサを接続すると，高域のループ・ゲインは，図9に示すように−6 dB/oct.で低下します．位相が−90°の範囲が広く続くので，きわめて安定に負帰還をかけられます．
　このような位相補償を「1ポール位相補償」といいます．OPアンプのほとんどは，この1ポール位相補償を使っています．図10（b）の2石回路も，Q_3 のベース-Q_{13} のコレクタ間にコンデンサを接続すると1ポール位相補償になります．
▶ 改良前の位相補償の周波数特性
　図10（b）の回路に1ポール位相補償を施したときの周波数特性をシミュレーションしましょう．

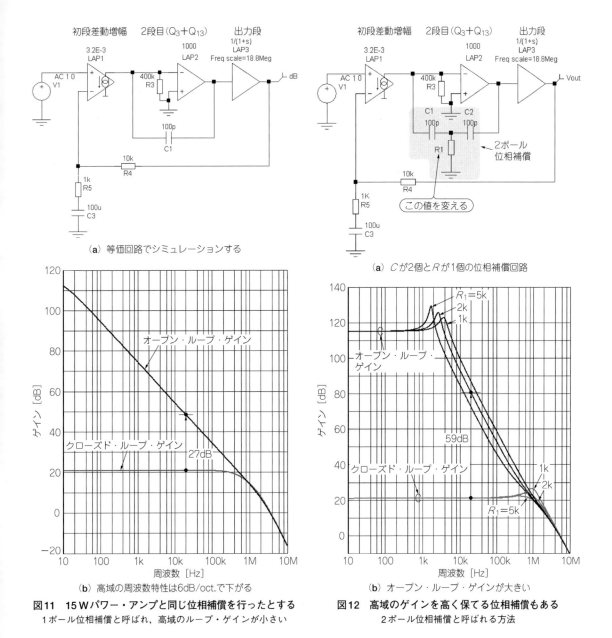

（a）等価回路でシミュレーションする

（a）Cが2個とRが1個の位相補償回路

（b）高域の周波数特性は6dB/oct.で下がる

（b）オープン・ループ・ゲインが大きい

図11 15Wパワー・アンプと同じ位相補償を行ったとする
1ポール位相補償と呼ばれ，高域のループ・ゲインが小さい

図12 高域のゲインを高く保てる位相補償もある
2ポール位相補償と呼ばれる方法

　図11（a）の小信号等価回路を使います．R_3は2段目の入力インピーダンスです．2段目の電圧ゲイン
は1000倍と仮定しました．AC解析結果を**図11（b）**に示します．
　オープン・ループ・ゲインは，低い周波数では100dB以上ありますが，20kHzでは48dBしかあり
ません．クローズド・ループ・ゲインは21dBですから，20kHzの帰還量は27dBになります．この程
度の帰還量では，残念ながらひずみ率0.001％の実現は困難です．

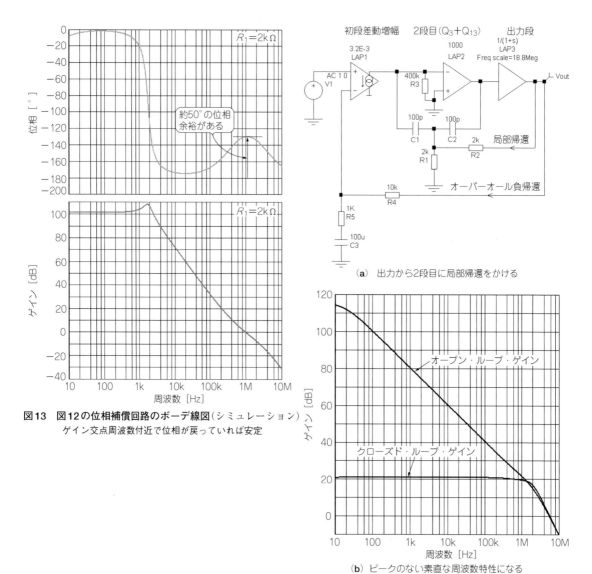

図13 図12の位相補償回路のボーデ線図（シミュレーション）
ゲイン交点周波数付近で位相が戻っていれば安定

（a）出力から2段目に局部帰還をかける

（b）ピークのない素直な周波数特性になる

図14 局部帰還をかけつつ安定な位相補償回路
局部帰還により出力段で発生するひずみを小さくできる

● **高域の帰還量を増やせる2ポール位相補償**

図12(a)の位相補償をすると，高域のオープン・ループ・ゲインが著しく増えるので，高域のひずみ率が大幅に減少します．この位相補償法は，ナショナル セミコンダクター社のLM301Aのデータ・シートで紹介されている方法[23]を応用したものです．オープン・ループ伝達関数が低い周波数において2個のポール(極)をもつので，2ポール位相補償といいます．

図12(a)の特長は，2段目の出力電圧を，C_2とR_1によるハイパス・フィルタを通してから，C_1を介して2段目の反転入力にフィードバックしていることです．

▶2ポール位相補償の周波数特性

この局部帰還によってオープン・ループ・ゲインは図12(b)に示す周波数特性になります．

例えば，R_1を2kΩにすると，20kHzのオープン・ループ・ゲインは80dBになります．クローズド・ループ・ゲインは21dBですから，20kHzにおいて59dBも負帰還がかかります．

● ゲイン交点周波数付近の位相が安定性に影響する

図12(a)の位相補償回路のR_1を2kΩとしたときのループ・ゲインのボーデ線図を図13に示します．

ゲイン交点周波数は1MHzで，位相は−130°となっています．したがって位相余裕は50°です．ちなみに，R_1を5kΩにしたときの位相余裕は64°で，R_1を1kΩにしたときの位相余裕は34°です．

2ポール位相補償の特色は，高域のループ・ゲインを−12dB/octで低下させ，かつゲイン交点周波数の近傍で−6dB/octに戻す点にあります．

ループ・ゲインが−12dB/octで低下する領域では図13に示すように位相がほとんど−180°遅れますが，負帰還の安定性はゲイン交点周波数付近の位相によって決まるので，ループ・ゲインが十分に大きな周波数領域で位相が−180°に接近しても安定です．

● 2ポール位相補償には二つの弱点がある

一つは，図12(b)に示すように，クローズド・ループ・ゲインにピークを生じることです．

もう一つは，出力の飽和などでループ・ゲインが低下すると，ゲイン交点周波数が位相回転の大きな周波数範囲（図13の場合は5〜100kHz）に落ち込む恐れがあることです．すると，位相余裕が減少し安定性が低下します．

1ポール位相補償の場合は，ループ・ゲインが低下したとき，位相余裕は増えこそすれ，減ることはありません．

● 安定性と低ひずみを兼ね備えた位相補償を考案

私が考案した新しい位相補償法を図14に示します．

図12(a)の2ポール位相補償回路に，R_1と同じ値のR_2を加えたものです．R_1とR_2によって出力段の出力電圧V_{out}は1/2に分圧され，C_1を介して2段目の反転入力（Q_3のベース）に局部帰還されます．したがって，2段目と出力段のひずみが，局部帰還量だけ減少します．

▶新型位相補償回路の周波数特性

局部帰還後のオープン・ループ・ゲインを図14(b)に示します．1ポール位相補償と同じように1MHzまで−6dB/oct.で減衰します．そして，クローズド・ループ・ゲインも単調に減衰し，ピークはありません．

オーバーオール負帰還の帰還量は，図10(b)のQ_3のベース−Q_{13}のコレクタ間に50pFを接続したときと同じです．しかし，R_2による局部帰還が加わるので，トータルの帰還量はとても大きくなります．

● 新型位相補償回路を実際の回路に組み込む

図3の②に新しい位相補償方法が使われています．R_{50}とR_{51}は図14(a)のR_2とR_1に相当しますが，

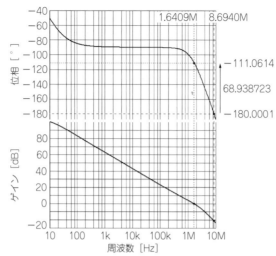

図15 図3のループ・ゲイン（シミュレーション）
十分な位相余裕をもつので安定だとわかる

抵抗値をそれぞれ10％加減しました．これはパワー・アンプに負荷8Ωを接続したとき，1MHzにおける出力段のゲインが1dBほど減衰することに対する補正です．

 # 負帰還の安定性を確保する

　図3の③のように初段テール電流を増やした結果，初段の相互コンダクタンスが約4dB増え，ループ・ゲインのゲイン交点周波数が上昇して安定性が低下します．それに対する対策が，**図3**の④です．

　帰還抵抗 $R_{12} = 10\,\text{k}\Omega$ と並列に $C_{21} = 3\,\text{pF}$ を接続し，数MHz付近の位相を進めます．この値をむやみに増やすとかえって安定性が低下します．最適値は3〜5pFです．

　最終回路（**図3**）のループ・ゲインのボーデ線図（シミュレーション）を**図15**に示します．ゲイン交点周波数は1.64MHzで，位相余裕は68.9°です．

参考・引用*文献

(1)* NJM4558/NJM4559 データシート，新日本無線．

(2)* LM358/LM2904 データシート，ナショナル セミコンダクター．

(3) 勝 本洋；エンジニアのためのフーリエ変換なっとく講座，トランジスタ技術，2002年10月号，別冊付録，CQ出版社．

(4) 安居院 猛；中嶋 正之 共著；FFTの使い方，1981年3月，秋葉出版．

(5) 吉本 猛夫；初心者のための電子工学入門，トランジスタ技術SPECIAL No.86，CQ出版社，2004年．

(6) 渡辺 明禎；トランジスタ回路の実用設計，CQ出版社，2005年3月．

(7) 新原 盛太郎；SPICEとデバイス・モデル，CQ出版社，2005年10月．

(8)* 米国半導体電子工学教育委員会 編，牧本 次生 訳；トランジスタの物理と回路モデル，p.43，産業図書，1969年3月．

(9) 岡村 廸夫；定本 OPアンプ回路の設計，CQ出版社，1990年9月．

(10) 黒田 徹；解析 OPアンプ＆トランジスタ活用，CQ出版社，2002年9月．

(11) 松井 邦彦；OPアンプ活用100の実践ノウハウ，CQ出版社，1999年2月．

(12) 馬場 清太郎；OPアンプによる実用回路設計，CQ出版社，2005年6月．

(13) 遠坂 俊昭；電子回路シミュレータSPICE実践編，CQ出版社，2004年6月．

(14) http://www.ieee.org/organizations/history_center/legacies/darlington.html

(15) 黒田 徹；パワー・アンプ出力段のエミッタ抵抗の定数設計，トランジスタ技術，2001年1月号，pp.348～351，CQ出版社．

(16) David A. Mindell；Between Human and Machine，p.119，Johns-Hopkins University Press，2002．

(17) S. Bennett；A history of control engineering 1800-1930，p.192，Peter Peregrinus Ltd.，1979．

(18) アナログ・デバイセズ 著，電子回路技術研究会 訳；OPアンプの歴史と回路技術の基礎知識，OPアンプ大全 第1巻，CQ出版社，2003年12月．

(19)* 2SB1375 データシート，東芝，2004年．

(20)* 2SD2012 データシート，東芝，2004年．

(21) 黒田 徹；微分利得直視装置によってB（AB）級動作のクロスオーバーひずみを探る，ラジオ技術，1980年2月号，pp.218～224，ラジオ技術社．

(22) 黒田 徹；電子回路シミュレータSIMetrix/SIMPLISスペシャルパック，pp.387～388，CQ出版社，2005年11月．

(23) LM301A データシート，ナショナル セミコンダクター．

(24) 黒田 徹；基礎トランジスタ・アンプ設計法，ラジオ技術社，1989年2月．

(25) P. R. グレイ，P. J. フルスト，S. H. レビス，R. G. メイヤー 共著，浅田 邦博，永田 穣 監訳；システムLSIのためのアナログ集積回路設計技術（上）（下），培風館，2003年7月．

(26) 青木 英彦；アナログICの機能回路設計入門，CQ出版社，1992年9月．

INDEX

実験用プリント基板&パーツ・セット 頒布サービスのお知らせ

本書で使用した「実験用プリント基板」と「パーツ・セット」の頒布サービスを行います．頒布内容をご確認のうえ，下記のウェブ・サイトからお申し込みください．

● 頒布内容
頒布内容は下記のとおりです．

(1)実験用プリント基板(1枚)
写真2(p.10)で紹介しているプリント基板です．「トランジスタ技術」2006年7月号の特別付録として添付されたプリント基板と同じものです．本書の第2章〜第6章までの実験に使用できます．

(2) パーツ・セット(一式)
表1(p.20)に掲載した抵抗，コンデンサ，半導体部品などのセットです．第2章〜第6章までの実験に使用できます．部品には相当品/互換品が含まれることがあります．

なお，特性測定などの実験に必要なボリュームやコンデンサなどの部品，ケーブルやソケットなどの治具類，および電源は含まれておりません．

● 頒布価格
上記の頒布内容で，下記の価格を予定しています．詳しくは，申し込み時にご確認ください．

予定価格：3,800円(1セット)

● 申し込み方法
下記のパステルマジック社のウェブ・サイトでお申し込みください．図Aのトップ・ページから[SHOP]へ進み，「商品カテゴリー」から選択してください．

▶パステルマジック

http://www.pastelmagic.com/

図A　パステルマジック社のウェブ・サイト

〈著者略歴〉

黒田　徹（くろだ・とおる）

1945 年　兵庫県に生まれる
1970 年　神戸大学経済学部卒業
1971 年　日本電音（株）入社，技術部勤務
現在　　黒田電子技術研究所　所長

この本はオンデマンド印刷技術で印刷しました

本書は，一般書籍最終版を概ねそのまま再現していることから，記載事項や文章に現代とは異なる表現が含まれている場合があります．事情ご賢察のうえ，ご了承くださいますようお願い申し上げます．

- **本書記載の社名，製品名について** — 本書に記載されている社名および製品名は，一般に開発メーカーの登録商標または商標です．なお，本文中では ™, ®, © の各表示を明記していません．
- **本書掲載記事の利用についてのご注意** — 本書掲載記事は著作権法により保護され，また産業財産権が確立されている場合があります．したがって，記事として掲載された技術情報をもとに製品化をするには，著作権者および産業財産権者の許可が必要です．また，掲載された技術情報を利用することにより発生した損害などに関して，CQ出版社および著作権者ならびに産業財産権者は責任を負いかねますのでご了承ください．
- **本書に関するご質問について** — 文章，数式などの記述上の不明点についてのご質問は，必ず往復はがきか返信用封筒を同封した封書でお願いいたします．ご質問は著者に回送し直接回答していただきますので，多少時間がかかります．また，本書の記載範囲を越えるご質問には応じられませんので，ご了承ください．
- **本書の複製等について** — 本書のコピー，スキャン，デジタル化等の無断複製は著作権法上での例外を除き禁じられています．本書を代行業者等の第三者に依頼してスキャンやデジタル化することは，たとえ個人や家庭内の利用でも認められておりません．

JCOPY 〈出版者著作権管理機構委託出版物〉
　本書の全部または一部を無断で複写複製（コピー）することは，著作権法上での例外を除き，禁じられています．本書からの複製を希望される場合は，出版者著作権管理機構（TEL：03-5244-5088）にご連絡ください．

実験で学ぶトランジスタ・アンプの設計 ［オンデマンド版］

2008 年 5 月 1 日　初版発行
2014 年 5 月 1 日　第 2 版発行
2021 年 3 月 1 日　オンデマンド版発行

© 黒田 徹 2008
（無断転載を禁じます）

著　者　黒田　徹
発行人　小澤拓治
発行所　CQ出版株式会社
〒112-8619　東京都文京区千石 4-29-14
電話　編集　03-5395-2123
　　　販売　03-5395-2141
振替　00100-7-10665

ISBN978-4-7898-5281-4

乱丁・落丁本はご面倒でも小社宛てにお送りください．
送料小社負担にてお取り替えいたします．
本体価格は表紙に表示してあります．

本文イラスト　神崎 真理子
編集担当者　清水 当
印刷・製本　大日本印刷株式会社
Printed in Japan